普通生态学实验指导

章家恩　主编

中国环境出版集团·北京

图书在版编目（CIP）数据

普通生态学实验指导/章家恩主编. —北京：中
国环境出版集团，2012.8（2021.8 重印）
（高等院校环境实践类系列教材）
ISBN 978-7-5111-1093-0

Ⅰ. ①普…　Ⅱ. ①章…　Ⅲ. ①生态学—实验—高等学
校—教学参考资料　Ⅳ. ①Q14-33

中国版本图书馆 CIP 数据核字（2012）第 193106 号

出 版 人　武德凯
责任编辑　付江平
责任校对　唐丽虹
封面设计　马　晓

出版发行　**中国环境出版集团**
　　　　　（100062　北京市东城区广渠门内大街 16 号）
　　　　　网　　　址：http://www.cesp.com.cn
　　　　　电子邮箱：bjgl@cesp.com.cn
　　　　　联系电话：010-67112765（编辑管理部）
　　　　　发行热线：010-67125803，010-67113405（传真）
　　　　　印装质量热线：010-67113404
印　　刷　北京中献拓方科技发展有限公司
经　　销　各地新华书店
版　　次　2012 年 8 月第 1 版
印　　次　2021 年 8 月第 3 次印刷
开　　本　787×1092　1/16
印　　张　12.75
字　　数　290 千字
定　　价　38.00 元

主 编 章家恩

参加编写人员：

章家恩 陈桂葵 冯远娇 梁开明 秦 钟

赵本良 叶延琼 贺鸿志 苏贻娟 徐华勤

前　言

　　《普通生态学》是生态学专业的一门核心课程。完整的生态学教学，除了理论教学外，还需相应的实验实践教学内容相配套。随着当前全球生态环境问题的日益突出和生态环境建设的迫切需要，对生态学人才的素质和能力的要求越来越高，即不仅要求现代生态学人才掌握过硬的专业理论知识，而且还要求他们需具备良好的实验技能、科研能力和创新能力。然而，长期以来，在生态学专业人才培养方面，由于多方面的原因，偏重理论教学，而实验教学环节则相对薄弱。因此，为了满足当前社会经济发展对未来生态学人才的现实要求，加强《普通生态学》的实验教学与实验教材建设显得十分必要。

　　目前，国内外已有一些生态学实验指导教材出版，但由于不同学校所处的地域、专业定位与特色不同，其实验内容设置体系和侧重点也各不相同。为了更好地适应当前生态学专业人才实验技能和科研素质的培养，我们在本校生态学专业10多年实验教学的基础上，按照《普通生态学》理论课程的内容体系，编写了这本《普通生态学实验指导》教材，旨在突出生态学实验教学的配套性、层次性、系统性、基础性和可选择性。其一，本教材根据生态学中的生态环境因子、个体、种群、群落、生态系统、景观等的不同尺度和层次，分别编写了相应的实验内容，且单独成章，体现出明显的配套性、层次性和系统性。其二，为配合《普通生态学》的理论教学，使学生更好地理解和掌握理论知识，本教材保留了一些经典的生态学实验，如有关生物个体的生理生态学实验、物种间的相互作用实验、生命表编制实验、生物的生存对策实验、群落结构调查与群落演替实验、生态系统能流和物流实验等，这样较好地突出了生态学实验的基础性和经典性。其三，在实验内容上，也尽量结合生态学的最新研究热点问题，设置了一些相关的实验内容，如全球变暖、酸雨、生物多样性、环境胁迫、污染胁迫等方面的生态学效应实验，体现了实验内容的新颖性。其四，本教材充分考虑到相邻学科间的交叉，在内容上还选取了土壤学、植物学、动物学、微生物学和环境学等的一些实验方法，如土壤、植物和水体养分的测定实验、微生物分离培养实验、土壤动物的分离与鉴定实验、环境污染指标的监测实验等，以及一些实验数据的统计分析方法等，故体现了一定的基础性和学科交叉性，因为如果没有这些基础的实验方法，很多相关的生态学实验教学过程也较难顺利完成。其五，考虑到不同学校在生态学教学条件、课时、特色等方面存在的差异，故本教材共设计了 41 个实验案例，其中的一些实验教学案例可供选择使用或"复制"仿效，即除了一些基本的生态学实验内容外，如果有些相关学科的基础实验内容（如养分分析测定实验、环境监测实验、数据统计分析方法等）在其他课程中学习过，或者暂时没有条件和时间安排，则可因地制宜进行选择和删减，或仅作学生课外学习和开展其他实验时参考，因此，本教材的这种内容设计尽量使实验教学具有一定的伸缩性和可选择性。

本教材共分九章，包含 41 个实验。其中第一章为绪论；第二、三、四、五、六、七章分别介绍了生态环境因子的观测实验、个体生态学实验、种群生态学实验、群落生态学实验、生态系统生态学实验、景观生态学实验；第八章涉及与生态学研究相关的一些基础实验；第九章则主要介绍了生态学实验数据统计分析的一些常用方法。

本书由章家恩任主编，其中第一章、实验二十一、实验二十二由章家恩编写；实验十一至实验十四、实验十七至实验二十、实验四十由陈桂葵编写；实验七、实验八、实验二十五、实验二十六、实验三十至实验三十二由冯远娇编写；实验一至实验五、实验二十三、实验三十九由梁开明编写；实验十五、实验十六以及第九章由秦钟编写；实验九、实验三十四、实验四十一由赵本良编写；实验二十七至实验二十九由叶延琼编写；实验六、实验三十七、实验三十八由贺鸿志编写；实验二十四、实验三十五、实验三十六由苏贻娟编写；实验十和实验三十三由徐华勤编写。全书最后由章家恩统编修改并定稿。

本书的出版得到了《农业生态学》国家精品课程、"农科生态学系列课程"国家级教学团队建设项目、广东省生态学特色专业建设专项、广东省高等教育教学成果奖培育项目（粤教高函[2011]55 号）、华南农业大学校级生态学重点专业、校级生态学综合改革试点专业、《普通生态学》和《生态规划》校级精品课程项目等提供的经费支持。同时，本书的编写出版也得到了许多同事和朋友的支持，在写作过程中还参考和引用了国内外许多作者的相关文献和素材，在此一并表示感谢。

由于编者的水平有限，书中的疏漏与不当之处在所难免，在此恳请使用本教材的教师、学生和相关的科研工作者多提宝贵意见与建议，以便我们今后进一步地修改、完善和提高。

章家恩

2012 年 5 月

目　录

第一章　绪论

生态学是研究生物与生物、生物与环境之间相互作用关系、过程、机理及其调控的学科。生态学所研究的生态学现象、生态学过程与内在机理都需要通过实验来印证和深入探究。因此，作为生态学专业的学生，不仅要深入学习生态学的基本概念和基本原理，还要同步学习生态学的基本实验研究方法与技能，只有这样，才能提高自身的生态学方面的理论水平和综合技能，才能增强自身从事生态环境保护与建设等方面的本领。

第一节　生态学实验的基本内容与要求

一、生态学实验的基本特点

生态学的研究对象是由生物与环境组成的各种各样的生态系统，因此，其研究始终是围绕着生态系统中生物与环境（包括社会环境）之间的物质循环、能量流动、信息传递（乃至资金流动）而展开，就必然要与生物学实验、环境学实验、地学实验、化学实验等"打交道"，也就需要通过实地观测、野外调查和受控实验研究获取相关实验数据来认识和回答各种各样的生态学过程及其内在机理，因此，从总体上讲，生态学必然是一门实验科学，它的天然实验室就是自然界（包含人类社会）。根据生态学的学科属性，其实验研究具有以下几个方面的特点。

（一）时空性

任何生态学现象与过程都是与特定的空间和时间相关联的，即具有明显的地域性和时间动态性，脱离空间和时间来谈生态学现象及其理论问题，往往会出现偏差乃至错误。例如，在热带地区和温带地区，其植被结构类型和土壤发育过程明显不同，其物质与能量流动过程与转换效率也会有较大差异，因此，在这两个地区通过同样的实验而得到的研究结论也可能会有所不同，也就是说，不能以在某一个局地通过实验获得的研究结论作为"放之四海而皆准"的理论。即使在同一地点，随着季节和年份的推移，生物群落演替的过程、阶段及生态系统的结构和功能也会随之发生改变。因此，在开展生态学实验时，必须说明所做实验的地点和时间，而且还要说明所做实验的周期与时间长度。由于生态学过程及其累积变化往往需要经历较长的时间，故许多生态学问题需要通过多年的乃至长期的实验研究结果，才能真正揭示生态学的内在规律。总之，在开展生态学实验时，始终要有"空间"和"时间"的概念。

（二）交叉渗透性

生态学起源于宏观生物学，与环境学也密切相关，因此，生态学中的很多实验方法来源于生物学和环境学。同时，生态学作为横跨自然、经济、社会领域的"横断"科学，具有极强的渗透性。迄今为止，生态学已广泛地应用于农业、林业、畜牧业、渔业、工业、社会学、经济学、城市学、建筑学与人居环境学等各个领域，从不同角度、不同层次和不同方向衍生和形成了一大批新兴的生态学交叉分支学科，构成了一个庞大的学科体系（图1-1），如农业生态学、森林生态学、家畜生态学、工业生态学、旅游生态学、产业生态学、水域生态学、草地生态学、城市生态学、化学生态学、物理生态学、分子生态学、污染生态学、恢复生态学、经济生态学、社会生态学、政治生态学、人类生态学、居区生态学、建筑生态学、全球生态学等，这就决定了生态学实验研究方法的广泛性、复杂性、综合性和多元化，因此，要求学生在学习生态学实验方法时，不仅要掌握生态学特有的实验方法，而且还要了解和掌握其他相关学科的实验研究方法，这样才能形成完整的方法体系，才能顺利地完成生态学的相关研究。

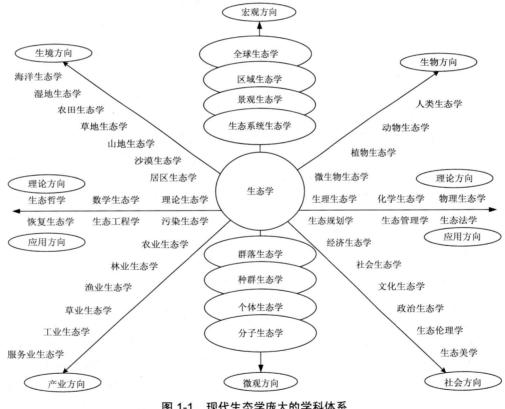

图 1-1　现代生态学庞大的学科体系

（三）尺度性

现代生态学在研究层次上同时向宏观与微观两级发展，已形成了分子生态学、个体生态学、种群生态学、群落生态学、生态系统生态学、景观生态学、全球生态学等不同的研究层次。生态学的不同研究尺度决定了其不同尺度上实验方法的巨大差异性，特别是宏观生态学与微观生态学两大领域的研究方法差异更大。例如，在景观生态学研究中，通常需要运用"3S"技术与方法来解决一些大尺度问题；而在个体生态学中，则往往需要利用生物学等实验方法（如生理生化方法、电镜分析方法等）加以研究；在分子生态学中，则需要用到 PCR、RAPD、RLFP 等分子生物学技术。宏观生态学和微观生态学的研究方法之间可以说是"大相径庭"。有的研究领域需要用"卫星遥感"、望远镜等宏观研究工具；有的领域则需要用"放大镜、显微镜、基因操作、微量检测分析"等相对微观的实验仪器设备；有的研究领域又需要使用常规分析测试和定位观测等相对中观的实验仪器和方法；有的研究领域则需要宏观、中观、微观等各类实验研究方法的综合运用。这就要求学生在学习生态学实验时，一定要认真学习生态学不同尺度和层次的实验研究方法，只有这样才能获得生态学研究的全面技能。

二、生态学实验的基本内容

根据《普通生态学》的知识内容体系，按照个体、种群、群落、生态系统和景观等研究尺度与层次，生态学实验也大致包括以下几个方面的内容：①生态环境因子的观测实验；②生物对不同生态环境因子的耐性、抗性与适应性实验；③物种之间的相互作用及种群增长动态实验；④生物群落的结构与演替观测实验；⑤生态系统的能流和物流实验；⑥景观格局与动态变化实验。生态学不同研究尺度的相关实验，如表 1-1 所示。

表 1-1　《普通生态学》实验的基本体系

研究尺度	实验主题	具体的相关实验
生态因子	生态环境因子的观测	■ 气候环境因子（光、温、雨、风）的观测实验 ■ 水环境因子（温、酸碱、溶解氧、养分等）的观测实验 ■ 土壤环境因子（结构、质地、理化性质等）的观测实验
个体生态学	生物生态适应性、耐性与抗性实验	■ 对光强的生态适宜性、耐性与抗性实验 ■ 对温度的生态适宜性、耐性与抗性实验 ■ 对水分的生态适宜性、耐性与抗性实验 ■ 对酸、碱、盐环境的生态适宜性、耐性与抗性实验 ■ 对全球性环境胁迫（如温室气体、酸雨、UVB 辐射等）的生态响应、耐性与抗性实验 ■ 对人为污染（农药、重金属、化肥等）的生态适宜性、耐性与抗性实验
种群生态学	物种相互作用与种群增长实验	■ 种内外的竞争实验 ■ 种群间的捕食实验 ■ 种群间的偏利、共生、互利合作实验 ■ 种群间的偏害、寄生实验 ■ 种群间的化学相互作用实验 ■ 种群的增长实验 ■ 种群的生命表编制实验 ■ 种群的生存对策实验

研究尺度	实验主题	具体的相关实验
群落生态学	群落结构、功能与演替实验	■ 群落（地上部、地下部）的结构组成调查实验 ■ 群落的物种多样性调查实验 ■ 群落的边缘效应观测实验 ■ 群落的季相特征观察实验 ■ 群落中的小气候观测实验 ■ 群落中物种的生态位观测与计算实验 ■ 群落的演替（系列）观测实验
生态系统生态学	物质与能量流动实验	■ 植物初级生产力的测定实验 ■ 动物次级生产力的测定实验 ■ 微生物的生物量测定实验 ■ 物质能量（热值）的测定实验 ■ 物质的养分含量的测定实验 ■ 生态系统能流过程与转换效率实验 ■ 生态系统物流过程与转化效率实验
景观生态学	景观结构、格局与过程实验	■ 景观结构（斑块、廊道、基质）的特征指数分析 ■ 景观格局的时间动态变化实验 ■ 景观中养分流动的观测实验 ■ 景观中物种流动的观测实验

三、生态学实验的基本类型

根据生态学的研究对象和学科属性，生态学实验主要包括野外样地定位观测实验、田间小区对比实验和实验室受控模拟实验三大类。

（一）野外样地定位观测实验

野外样地定位观测是考察某个生物种群、群落、生态系统的结构与功能及其生境相互关系的时间动态变化。在进行定位观测实验时，首先要设立一块可供长期观测的固定样地，样地必须能反映所研究的生物种群或群落及其生境的整体特征。定位观测实验的时限，决定于研究的对象和目的。若是观测种群生活史动态，微生物种群的时限只要几天；昆虫种群则需要几个月到几年；脊椎动物需几年乃至几十年；多年生草本和树木则要几年甚至几百年。若是观测群落演替，则所需时限更长。若是观测种群或群落功能或结构的季节或年度的动态，时限一般是一年或几年。定位观测的项目，通常包括生态因子的定位监测、生态结构、动植物的生物量、数量增长、能量转化、物质循环等过程的动态观测。野外定位观测适宜于大尺度（如生态系统、景观、全球）的生态学现象与问题的研究，如在全球变化的生态学影响与生物响应等方面。

（二）田间小区对比实验

田间小区对比实验是在自然样区或田间条件下，采取某些控制措施，获得某个或多个因素的变化对生物种群或群落结构与功能的影响。例如，在牧场上进行围栏实验，可获得牧群活动对牧草种群或群落结构的影响；在森林或草地群落中设置对比样区，人为去除其中的某个种群，或引入某个种群，从而辨识该种群对整个群落的结构与功能及生境的影响；或在农田中设置不同施肥、灌水、间套作栽培模式等小区进行对比实验，研究不同栽培管理方式对农作物生长（包括病、虫、草害的防控）和产量的影响。田间小区对比实验可以是单因素，也可以是多因素，但除了选取的研究因子外，各实验处理间其他生态因子均要求保持一致。田间小区对比实验适合于种群生态学、群落生态学和生态系统生态学等层次的研究。

（三）实验室受控模拟实验

受控模拟实验是仿真自然生态系统，严格控制实验条件，研究单项或多项因子交互作用及其对生物个体、种群等产生的生态学影响的方法。受控模拟实验可以在"微宇宙"仿真系统、人工气候室、人工水族箱、温室、自制的仪器装置，乃至试管、培养皿中进行，通过严格控制生态因子，建立自然生态系统的仿真系统，即在光照、温度、土壤、营养元素等大气、水分、营养元素的数量与质量都完全可控的条件中，通过改变其中某一因子，或同时改变几个因子，来研究不同生态环境因子对生物个体、种群，以及小型生物群落的结构与功能、生活史动态过程及其变化的动因和机理。随着现代科学技术的进步，以及实验生物材料和生物测试技术的完善，近年来受控生态模拟实验的规模和生态系统的仿真水平，正在日趋扩大和完备。实验室受控模拟实验是生态学实验的主要组成部分，是野外定位观测实验和田间小区对比实验的重要补充，适宜于个体生态学、种群生态学、生态系统生态学等的生态学效应与作用机理方面的研究。

四、生态学实验的基本要求

在进行生态学实验时，只有按照一定的规范和要求进行，才能达到预期的目标，获得正确的实验研究结果。一般而言，需注意以下几点。

（一）明确实验目的与实验内容

开始生态学实验的首要工作就是要明确实验目的和实验内容。首先要认真阅读相关的实验方法指导，弄清实验的目的、拟解决的生态学问题或需验证的科学假设、实验所依托的生态学原理等相关信息，在此基础上，制订详细的实验研究计划，包括实验场所、时间安排、所需的仪器设备、试剂、实验条件、实验步骤与方法、人员分工、经费支出等内容。

（二）明确和严格控制实验条件

无论是野外定位观测实验和田间小区对比实验，还是实验室受控实验，都需要首先明确和严格控制实验条件，这是保证实验研究质量的必要条件。对于野外定位观测实验和田间小区对比实验，由于受到自然生态环境的影响，不可控的因子（如天气变化、突发灾害等）较多，控制实验条件相对较难，但不管怎样，除了要研究的主导生态因子保持差异外，其他生态环境因子（如小气候环境、土壤环境等）背景应尽量保持一致。因此，在进行这类实验时，必须选择好实验场所，并控制好相关的生态环境背景。同时，对样地或小区的大小、形状及其排列设计等需要按照实验研究目的和相关的实验统计学的要求进行。

（三）设置空白对照和重复实验

设置空白对照和重复实验是开展所有实验研究中对误差控制的基本要求。由于生物的多样性和生态系统的复杂性，同样的实验在不同时间进行，或在相同时间、不同样方中进行，都可能得到不同的结果。随着时间和空间的变化，生态系统和环境条件通常是不一样的，重复可以捕捉到实验效应中的这些变化，可以消除实验研究的误差。一般而言，实验重复设置越多越好。然而，为了节省人力和物力，通常也不宜过多，但最少不能低于3个重复，而且对一些特别要求的实验研究，其重复数必须要达到一定数量，否则，对实验结果无法进行统计学分析。

（四）实验结果需进行统计学分析

通过实验获得的数据大多是原始数据，需要进行进一步的统计分析，方能获得相关的研究结论。相关的统计学分析方法很多，如平均值分析、变异性分析、方差分析、因子相关性分析、主成分分析、聚类分析、综合评价、数学模拟模型分析等。具体应用时，可根据实验研究目的和实验设计对上述统计学分析方法进行选择使用。统计分析出来的结果可用图表和公式等来表达，并通过进一步的归纳分析，获得最后的研究结论。

第二节　生态学实验报告撰写的基本内容与要求

实验报告是把实验研究的目的、方法、过程、结果等记录下来，经过分析整理而写成的书面材料。实验报告的撰写是一项重要的基本技能训练，是一种对实验数据的再创造过程。它不仅仅是对某次实验结果的总结，更重要的是它可以初步地培养和训练学生的科学归纳能力、综合分析能力和文字表达能力，是科学论文写作的基础。实验报告的撰写需要遵循一些具体的规范与要求，只有这样才能保证实验报告的质量。

一、生态学实验报告的基本内容

生态学实验报告的基本内容包括以下几个部分：①实验名称；②所属课程名称；③学生姓名、学号及合作者相关信息；④指导教师姓名；⑤实验日期（年、月、日）和地点；⑥实验目的；⑦实验原理；⑧实验内容；⑨实验场地环境和器材、试剂；⑩实验步骤与方法；⑪实验结果与分析；⑫讨论；⑬结论或结语；⑭其他附件材料，如实验注意事项、参考文献、致谢或原始记录的附录等，可根据需要适当增加相关内容（图1-2）。

实验报告的内容与格式

① 实验名称
②所属课程名称
③学生姓名、学号及合作者相关信息
④指导教师姓名
⑤实验日期（年、月、日）和地点
⑥实验目的
⑦实验原理
⑧实验内容
⑨实验场地环境与器材、试剂
⑩实验步骤与方法
⑪实验结果与分析
⑫讨论
⑬结论或结语
⑭其他附件材料

图 1-2　生态学实验报告撰写的内容与格式

上述实验报告中的⑥～⑬部分是实验报告的核心内容或正文部分。当撰写实验目的时，要简单明了。一般而言，实验目的有两点：一是在理论上验证生态学的现象、理论或公式，并使实验者获得深刻和系统的理解；二是在实践上，掌握使用实验设备的技能、技巧和实验操作过程。一般需说明是验证型实验还是设计型实验，是创新型实验还是综合型实验。在实验原理部分，要写明本实验所依从的生态学具体原理。在实验内容部分，要抓住重点，可以从理论和实践两个方面考虑。这部分要写明依据何种理论、拟解决哪些生态学现象或问题，或熟悉什么操作方法。在实验场地环境和器材、试剂部分，要详细介绍场地环境的背景情况、所用材料、主要仪器设备、试剂、实验设计等。

在实验步骤与方法部分，要根据自己实验的实际操作，写出主要操作步骤，需简明扼要，但不要照抄实习指导。同时，要求画出实验流程图（实验装置的结构示意图等），再配以相应的文字说明，这样既可节省许多文字说明，又能使实验报告图文并茂，清楚明了。

在实验结果分析部分，要对实验数据进行统计分析，并对实验现象进行归纳、描述与深入分析。对于实验结果的表述，一般有三种方法：①文字叙述，即根据实验目的将原始资料系统化、条理化，用准确的专业语言客观地描述实验现象和结果，要有时间顺序以及各项指标在时间和空间上的关系。②图表表达，即用表格或坐标图的方式使实验结果突出、清晰，便于相互比较，尤其适合于处理较多，且各处理组观察指标一致的实验，使处理组间异同一目了然。每一图表应有题目、实验指标和计量单位，并要求有自明性，表明一个科学问题或观点。③曲线图。常见的曲线图应用记录仪器描记出的曲线图，这些指标的变化趋势形象生动、直观明了。在实验报告中，可任选其中一种或几种方法并用，以获得最佳效果。

在讨论部分，要根据相关的理论知识和他人（或前人）的相关研究结果，对自己所得到的实验结果进行解释和分析。如果所得到的实验结果和预期的结果一致，那么它可以验证什么理论？实验结果有什么意义？说明了什么问题？这些是实验报告应该讨论的。但是，不能用已知的理论或生活经验硬套在实验结果上；更不能由于所得到的实验结果与预期的结果或理论不符而随意取舍甚至修改实验结果，这时，应该分析其异常的可能原因。如果本次实验失败了，应找出失败的原因及以后实验应注意的事项。不要简单地复述课本上的理论而缺乏自己主动思考的内容。同时，在讨论中，还需将自己的研究结果与其他同类研究结果进行比较，分析其异同及其产生的原因，或者通过比较，提出对某个问题新的解释或新的结论。另外，也可以书写一些本次实验的心得以及提出一些问题或建议等。

在结论部分，应注意结论不是具体实验结果的再次罗列，也不是对今后研究的展望，而是针对这一实验所能验证的概念、现象或理论的简明总结，是从实验结果中归纳出的一般性、概括性的判断，要简练、准确、严谨、客观。

二、生态学实验报告撰写的基本要求与规范

生态学实验报告是学生在老师的指导下完成的实习研究和调查工作的总结，是一项很好地对学生进行的科研训练，也是对学生成绩进行综合评定的依据，因此，一定要按照相应的规范进行严格要求。

（1）要求实验报告中的概念明确、数据可靠（并需要做必要的统计学分析）、判断准确、推理严谨、图文并茂，使读者对实验结果与结论一目了然。实验中所获得的研究结果与结论能经得住他人的重复和验证。

（2）撰写实验报告时，应以事实为依据，尽量用自己的话表述，忌抄书，不许修改、编造数据。实验方法与步骤可视重要与否而有详有略，但报告应独立成章，不可用"见书第××页"字样而省略。有的实验报告中，结果、分析甚至实验项目可以列表表达。讨论是一篇报告的核心内容之一，应紧扣结果结合相关理论与前人的相关研究进行，切忌就事论事或离题万里，讨论时分析问题应深入，讨论的问题要有意义，切不可将讨论写成平平淡淡的小结。讨论也不可轻易推断或引申，要敢于对一些新发现的现象提出假设或新的观点。对于实验结果与分析部分，可在实验小组内进行充分讨论，必要时也可以参考其他组数据（需注明），但每个学生的报告必须按要求独立完成，严禁互相抄袭。

（3）实验报告要求按照学术论文的规范进行，实验研究指标的单位应采用国际标准单位形式；缩略字首次出现时应标注全称；出现生物名称时应标注其相应的拉丁文名称，且需用斜体；引用别人的资料和观点要加以标注或说明。

主要参考文献

[1]　骆世明. 农业生态学实验与实习指导[M]. 北京：中国农业出版社，2009.

[2]　杨持. 生态学实验与实习[M]. 北京：高等教育出版社，2003.

[3]　章家恩. 生态学常用实验研究方法与技术[M]. 北京：化学工业出版社，2007.

[4]　付必谦. 生态学实验原理与方法[M]. 北京：科学出版社，2006.

[5]　骆世明. 普通生态学[M]. 北京：中国农业出版社，2005.

第二章　生态环境因子的观测实验

生物与生态环境因子之间的相互作用关系是生态学研究的主题。生态环境是生物生长与生存的物质源泉与基础支撑。生态环境因子对生物的生长、发育、生殖、行为和分布有直接或间接的作用和影响。因此，开展生态环境相关的观测实验研究是生态学教学的重要内容。生态因子主要包括气候因子、土壤因子、地形因子、生物因子和人为因子。本章将主要介绍光、温、水、土等相关的生态环境因子指标的观测实验方法。

实验一　不同生境中太阳辐射强度的测定

一、实验目的

光是地球上所有生物得以生存和繁衍最基本的能量源泉，地球上生物生存所必需的全部能量，都直接或间接来源于太阳光。光照强度对生物的生长发育和形态建成具有重要的作用。植物群落的演替和发展与环境光照是密不可分的。植物不仅对光照具有适应能力，而且还通过生长和群体结构的形成造成对光照的再分配。本实验选取植物群落中的不同部位进行太阳辐射强度的测定，其目的是让学生熟悉测量太阳辐射、光照强度的仪器及其测量原理与使用规程，掌握光照强度的观测和记录的方法，认识植物的某些生长性状与光因子变化的相关性。

二、实验原理

地球上所有生命的维持，基本上都依靠来自太阳的辐射能；生物圈所接受的太阳辐射，其波长在 295～2 500 nm，其中，波长 400～760 nm 的可见光谱区的能量占全部辐射的 40%～45%。绿色植物主要吸收太阳光的可见光谱区的能量。太阳辐射、辐射强度是指单位时间内单位面积所受到的热辐射能量，常用 W/m^2、$\mu W/cm^2$、$J/(cm^2 \cdot min)$ 表示其单位。测定太阳辐射通常有两种途径，第一种途径是测定辐射量，即入射到接收表面上的总辐射量，以热量单位、能量单位或功率单位表示，如 cal[*]$/(cm^2 \cdot min)$。这种途径对研究植物的能量平衡和生态系统中的能流过程是十分必要的，一般所使用的测定仪器是各种辐射仪和日射计。前者以热电偶为基础的热电装置，它的基本原理是将接收到的太阳辐射能以最小的损失转变成热能进行测量，后者以双金属片的变形对比做基础。第二种途径是测定太阳辐射中的可见光能量，即物体表面所获得的光通量，以照度单位：勒克斯（lx）或

---

* 1cal=4.186 8J。

千勒克斯（klx）表示[100 klx=1.5 cal/（cm^2·min）]。由于植物的生理有效辐射大致与可见光谱相一致，故这一方法也常被生态学或植物生理生态学的工作者所采用。所使用的测定仪器通常以光电原理为基础，如各种类型的照度计，照度计通常由光电变换器（光探头）、放大器、显示器等部件构成。

三、实验内容

（1）用照度计测量不同树林内太阳光的分布。在校园内选取树冠大小相当但疏密不同的树林，分别测定不同树林及同一树林下不同部位的光照强度。同时，注意观察不同树林的粗略盖度、层次构成及树叶的数量、颜色、厚薄、软硬等性状指标。

（2）用照度计测量不同草本群落中太阳光的分布。在校园内选取禾草群落，同时测定各草本植物样地的冠层外、冠层表面、冠层中部、茎干层、地表等不同高度上的光照强度。

四、实验设备与器材

ZD-1 型照度计、钢卷尺、皮卷尺、记录纸、笔等。

五、实验方法与步骤

（1）检查照度计，打开开关检查是否运行正常，熟悉量程。照度计（这里以 ZD-1 型照度计为例）的具体操作过程为：①将电池放入主机箱内（注意极性，勿错置），再将光探头与主机连接，然后在待测环境内进行调试，先将倍率开关置于"×100"工作，选择开关置于"调零"，旋转调零电位器使电表指针对准零（有的仪器为数字式电表），然后将工作开关旋至"测"，用电表指示数字乘以 100，即为此时的光强度测定值。②如电表指示数字小于满刻度值的 1/10，则将倍率开关置于"×10"工作，选择开关置于"调零"，旋转调零电位器使电表指针对准"0"，再将工作选择开关置于"测"，用电表指示数字乘以 10 即为此时的光强值。③如电表指示数字小于满刻度值的 1/100，则将倍率开关置于"×1"工作，选择开关置于"调零"，旋转调零电位器使电表指针对准"0"，再将工作选择开关置于"测"，直接读取电表指示数字即为此时的光强值。④测试结束后，将选择开关拨回"关"位置。

（2）在选定的实验地点，分别观测不同时段树林或者草本群落不同位置（部位）的光照强度。每隔半个小时测一次，每次测定时，在各个位置均匀选取 8 个测定点，重复 8 次。同时测定树林外和草丛外的光照强度作为对照。

六、数据统计与结果分析

将上述观测的实验数据分别记入表 2-1 和表 2-2 中。在此基础上，绘制不同生境下光强的时空分布图，观察光强的变化规律。对比分析树林和草本群落内各层光强的差异。

表 2-1　树林冠层内光强度的测定记录

观测日期：　　　　　　观测地点：　　　　　　　　观测者：

植物名称：　　　　　　最大树冠幅/m：　　　　　　树高/m：

测定位置	测定次数						平均	相对值/%
	9：00	9：30	10：00	10：30	11：00	11：30		
树冠外（对照）								
树冠中间层 1								
树冠中间层 2								
树冠中间层 3								
树冠中心								

表 2-2　草本群落内光强度分布的测定记录

观测日期：　　　　　　观测地点：　　　　　　　　观测者：

植物名称：　　　　　　盖度/m：　　　　　　　　　高度/m：

测定位置	测定次数						平均	相对值/%
	9：00	9：30	10：00	10：30	11：00	11：30		
冠层外（对照）								
冠层表面								
冠层中部								
茎秆层								
地表层								

七、注意事项

（1）每一次测定按照从高挡（×100）到低挡（×10，×1）的顺序。

（2）测试结束后将工作选择开关置于"关"，拆下光电变换器，取出电池。

（3）在任何情况下，不得将光电池直接暴露于强光下，以保持其灵敏度。

（4）温度与湿度会影响仪器的灵敏度，故不能把照度计存放在潮湿的地方，照度计应存放在干燥、低于 40℃ 的环境中。

（5）将工作选择开关置于"电池"，若电表指针指在相应红线区外，则立即更换电池。

（6）测量时注意保持照度计感应面水平，光探头要准确地放置在测定位置，使光探头与入射光垂直。

（7）每次用毕后，及时关闭电源，以免使电流计受损。

实验二　不同生境中气温、水温和土温的测定

一、实验目的

温度对生物的生长、发育、形态建成等具有重要影响。植物只有在一定的温度范围内

才能够生长。温度对生物生长的影响是综合的，它既可以通过影响光合、呼吸、蒸腾等代谢过程来影响其生长，也可以直接影响土温、气温、水温，进而影响生物的生长环境和生态过程。本实验通过测定不同生境中的空气、土壤及水体的温度，使学生认识不同生境下的温度差异、特点及其生态学意义。

二、实验原理

本实验中对温度因子的测定分三类：气温、土温、水温的测定。空气温度的测量一般采用水银温度计。土壤温度的测量一般采用地温计，地温计一般分为地面温度计、直管地温计、曲管地温计、直管地温表四种类型（图 2-1～图 2-4）。地温计采用水银玻璃温度计作为表芯，具有感温快、灵敏度高的特点。测量地温时通常测量 0 cm、5 cm、10 cm、15 cm、20 cm、30 cm、50 cm 7 个深度。水体的温度测定一般采用水温计、深水温度计或颠倒温度计 3 种类型。水温计适用于测量水的表层温度；深水温度计适用于水深 40 m 以内的水温的测量；颠倒温度计适用于测量水深在 40 m 以上的各层水温，闭端（防压）式颠倒温度计由主温计和辅温计组装在厚壁玻璃套管内构成，套管两端完全封闭。主温计测量范围−2～＋32℃，分度值为 0.10℃，辅温计测量范围为−20～＋50℃，分度值为 0.5℃（图 2-5）。

图 2-1　地表温度测定

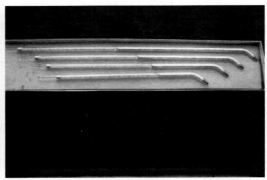

图 2-2　曲管地温计

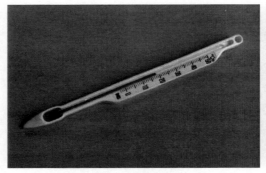

图 2-3　普通直管地温计

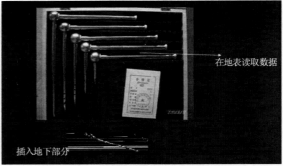

图 2-4　直管地温表

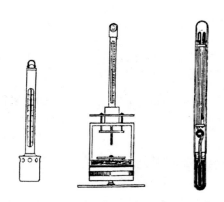

图 2-5　水温计、深水温度计和颠倒温度计

三、实验内容

（1）在树林以及空旷无林地等不同的生境中，设置若干个观测点，从清晨 8：00 至 14：00 或至 18：00，每隔 2 h，用气温计和地温计分别定点观测气温和地表及不同土层的温度（地温计需先安装），并分析其变化规律。

（2）用水温计测定稻田水面、中间水层以及水和泥交界处的温度；用气温计测定 20 cm、2/3 水稻株高以及 150 cm 高度的气温。从清晨 8：00 至 14：00 或至 18：00，每隔 2 h 定点观测这 3 个深度的水体温度，并分析其变化规律。

四、实验器材

气温计、地温计、水温计、直尺、铁锹、土铲、笔、记录纸等。

五、实验方法与步骤

（一）树林以及空旷无林地的大气、土壤温度测定

大气温度的测定：① 从林缘向林地中心 1.5 m 高处，均匀选取 5 个点，测定每一点的空气温度，并记录每次测定的数值；② 同时在空旷无林地 1.5 m 高处，随机选取 5 个点，测定空气温度，并记录每次测定的数值。

地表温度的测定：① 从林缘向林地中心均匀选取 5 个测定点，用地表温度计测定每一个地表温度，并记录每次测定的数值。② 同时在空旷无林地随机选取 5 个点，同样用地表温度计测定每一个地表温度，并记录每次测定的数值。

土壤不同深度温度的测定：① 在群落中，随机确定 5 个测定点，用相应的土壤曲管温度计等分别测定距地表 5 cm、15 cm 和 35 cm 深处的土壤温度，并记录每次测定的数值。② 在空旷无林地同样随机选取 5 个点，同样测定距地表 5 cm、15 cm 和 35 cm 深处的土壤温度。

（二）稻田水温与气温测定

稻田中气温的测定：在稻田样地用样方绳框一个 10 m×10 m 的样方，各个样地均匀选

取 5 个点，测定每一点 20 cm、2/3 株高以及 150 cm 高度的空气温度，并记录每次测定的数值。

稻田水温的测定：在测气温的同时，用水温计测定稻田水面、中间水层以及水和泥交界处的温度。将水温计投入水中至待测深度，感温 5 min 后，迅速上提并立即读数。从水温计离开水面至读数完毕应不超过 20 s，读数完毕后，将筒内水倒净。

六、数据统计与结果分析

将观测的气温、土温、水温等分别记录于相关的表格中（表 2-3、表 2-4）。在此基础上，比较林内和林边空旷地不同位置的大气、土壤温度差异；比较稻田不同高度层的气温和不同深度水温的差异；选取整点的数据绘制不同生境中的温度变化图，分析气温、土温、水温各自的变化规律及其之间的相互关系。

表 2-3 林内和林边旷地的大气、土壤温度测定

观测时间：　　　　　　　观测地点：　　　　　　　观测记录人：

时间		林内				林边空旷地			
		8：00	10：00	12：00	14：00	8：00	10：00	12：00	14：00
气温（1.5 m）									
土温	5 cm								
	15 cm								
	35 cm								
	平均								

注：在各样地中均匀选取 5 个点，每个时段取 5 点平均值。

表 2-4 稻田植物群体的气温和水温测定

观测时间：　　　　　　　观测地点：　　　　　　　观测记录人：

	气温			水温		
	20 cm	2/3 株高	150 cm	稻田水面	中间水层	水泥交界处
8：00						
10：00						
12：00						
14：00						

注：在各样地中均匀选取 5 个点，每个时段取 5 点平均值。

七、注意事项

在不同生境下的观测点和对照地的气温、土温和水温的测定，一定要保证在相同的时间段内进行，这样获得的数据才具有一定的可比性。

实验三　不同生境中空气湿度的测定

一、实验目的

空气湿度是表示空气中的水汽含量和潮湿程度的物理量，通常包括绝对湿度和相对湿度。绝对湿度是指每立方米湿空气中含有水蒸气的质量，也就是湿空气的水蒸气密度。绝对湿度只能说明湿空气中所含水蒸气的多少，但不能说明湿空气所具有的吸收水蒸气的能力。相对湿度是指每立方米湿空气中，水蒸气的实际含量（即未饱和空气的水蒸气密度）与同温度下最大可能的水蒸气含量（即饱和水蒸气密度）之比，以百分数（%）表示。相对湿度既反映了湿空气的饱和程度，也反映了湿空气离饱和程度的远近。影响空气湿度的因子很多，主要取决于水汽的来源、输送与空气保持水汽的能力等。因此，影响水汽供应的因子如降水、水体的存在、土壤水分的高低和蒸发条件等，影响水汽输送的条件如风、垂直气流等，以及影响空气保持水汽能力的条件如气温等，都可能影响空气湿度。

在生物学中，尤其是在生态学中，空气相对湿度是一个非常关键的指标。空气相对湿度或饱和差是影响植物吸水与蒸腾的重要因子之一。空气相对湿度过低，会加重土壤干旱或引起大气干旱，特别在气温高而土壤水分缺乏的条件下，植物的水分平衡被破坏，其水分"入不敷出"而导致气孔关闭，光合速率下降。相对湿度过高，则蒸腾作用受阻，抑制根系对矿质元素的吸收而造成减产。花期空气湿度过高可制约某些植物的花药开裂、花粉散落和萌发的时间，从而影响植物的授粉受精造成减产。灌浆期空气湿度过高会导致谷物籽粒的灌浆速度减缓。此外，空气湿度过高也会为多种病虫害的发生和蔓延提供有利条件，例如小麦吸浆虫喜爱空气相对湿度较大的环境；棉蚜、红蜘蛛则适宜在空气相对湿度较小的环境中生活；稻瘟病也易在潮湿的环境下滋生。因此，测量空气相对湿度对于农业生产和生态学研究有重要意义。通过本实验，让学生了解测定空气相对湿度的常用仪器的使用方法，熟悉空气湿度的观测方法，加深认识空气湿度的生态学意义。

二、实验原理

本实验采用通风干湿表测定空气的相对湿度。该仪器是一种携带方便、精度较高、适宜于野外勘测的仪器。整套仪器由一对感应部分为柱状的温度表、支架、三通管及通风管组成（图2-6），并附有专用直流稳压电源、双控开关和电缆。其作用原理和百叶箱中的干湿球温度表基本相同，所不同的是它采用电动通风装置，使流经湿球球部的空气速度恒定（2.5 m/s），以提高测定湿度的准确性。

三、实验内容

（1）在校园内选取人工林样地，从林地中心均匀选取 5 个测定点，用通风干湿表测定每一点的空气相对湿度，并记录每次测定的数值。

（2）选取一空旷无林地（地面无植被覆盖）作为对照，随机测定 5 个点，用通风干湿表测定裸地的空气相对湿度，并记录每次测定的数值。

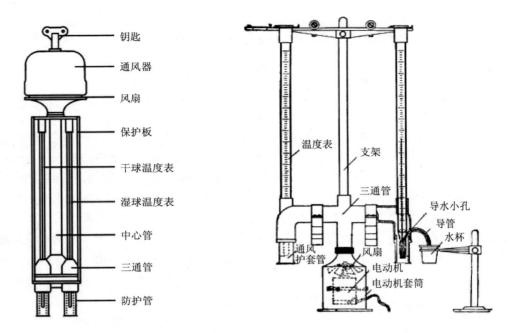

图 2-6   通风干湿表的结构图解

四、实验器材

通风干湿表若干个、卷尺（或直尺）、记录本、笔。

五、实验方法与步骤

（一）实验方法

本实验使用通风干湿表测量空气湿度。在观测前需要把通风干湿表挂在测杆上暴露一段时间以适应环境，使温度表感应部分与环境空气之间的热量交换达到平衡，通常要暴露 10 min 以上，一般夏天暴露 15 min 左右，冬天暴露约 30 min，以消除温度差异。并且当适应环境时，要上发条进行通风，使通风干湿表能够充分感应周围环境空气的温度、湿度状况。在进行干湿表读数前约 4 min 时，按下列步骤完成读数前的准备工作：①湿润湿球纱布：用橡皮囊吸满蒸馏水（水温应同当时气温相近），管口向上，轻捏橡皮囊，使玻璃管中水面升到离管口约 1 cm 处，将玻璃管插入湿球感应球部的护管中，8～10 s 后抽出。每湿润一次纱布，白天可维持 8～10 min，夜间可维持 20 min。②上发条通风：上发条使通风器的风扇开始转动通风，上发条时不要上得过满，以免折断发条。③悬挂：将通风干湿表悬挂在测杆的横钩上，干湿表的感应球部处在所要测量的高度。当所测的高度在 100 cm 或以上时，通风干湿表通常采用垂直悬挂，当所测的高度在 100 cm 以下时，通风干湿表通常采用水平悬挂，以便于进行观测读数。

在完成上述步骤后，应等待 4 min 左右，让通风干湿表充分感应，以测量相应高度处的空气温度、湿度状况。之后即可对干湿表进行读数，先读干球，再读湿球。读数时切忌用手接触双重护管，身体也不要与仪器靠得过近。当风速大于 4 m/s（约 3 级风）时，应将防风罩套在通风器的迎风面上，防风罩的开口部分顺着风扇旋转的方向。

在一次观测中，一个通风干湿表可以用来观测几个不同位置的空气湿度。当一个位置观测完毕，移到另一位置时，要让其适应环境约 1 min 后才能进行读数。当观测读数时注意一定要待温度表的示数稳定后才能读数，并且在整个观测过程中要保持通风器的匀速通风，如果通风器风扇转速有所减慢，就要再加上发条。此外，湿球纱布应保持洁白，注意及时更换。

（二）实验步骤

选取校内林地以及相邻空旷地两种不同类型的生境进行空气相对湿度的测定。

（1）从林缘向林地中心 1.5 m 高处，均匀选取 5 个点，在 8：00～15：00，每隔 1 h 测定每一点的空气相对湿度，并记录每次测定的数值。

（2）同时，在空旷无林地 1.5 m 高处，随机选取 5 个点，在 8：00～15：00，每隔 1 h 测定每一点的空气相对湿度，并记录每次测定的数值。

六、数据统计与结果分析

（1）将上述不同生境中不同时段观测的空气相对湿度数据分别记录于相应的表格中（表 2-5、表 2-6）。

表 2-5　林下空气相对湿度测定（树林内）

观测时间：　　　　　　观测地点：　　　　　　观测记录人：

项　目	8：00	9：00	10：00	11：00	12：00	13：00	14：00	15：00
干球温度表 t								
湿球温度表 t'								
干湿差 $\Delta t = t - t'$								
相对湿度/%								

注：各个时段取 5 点的平均值。

表 2-6　空旷地空气相对湿度测定（林边空旷地）

观测时间：　　　　　　观测地点：　　　　　　观测记录人：

项　目	8：00	9：00	10：00	11：00	12：00	13：00	14：00	15：00
干球温度表 t								
湿球温度表 t'								
干湿差 $\Delta t = t - t'$								
相对湿度/%								

注：各个时段取 5 点的平均值。

（2）查算空气的相对湿度。读取干球温度和湿球的温度后，可根据《通风干湿表空气相对湿度查算表》，用干球温度和湿球的温度查算出空气的相对湿度。例如：通风干湿表干球温度为 15.7℃，湿球温度为 14.1℃，利用《通风干湿表空气相对湿度查算表》查出相对湿度。

干湿差 $\Delta t = t - t' = 15.7 - 14.1 = 1.6℃$

查算表中湿球温度 t' 没有 14.1℃，采用靠近法，因此 14.1 靠近 14.0，故查 t'=14.0℃。

查算表中干湿差 Δt 没有 1.6℃，采用内插法，因为 1.6℃在 1.5～2.0，故首先查 1.5℃ 和 2.0℃。即查得 t'=14.0℃，Δt=1.5℃时，r=85%；Δt=2.0℃时，r=80%。Δt 相差 2.0−1.5=0.5℃时，r 相差 5%；Δt 相差 1.6−1.5=0.1℃时，r 相差 1%；因此，t=15.7℃，t'=14.0℃时，r=85%−1%=84%，即当通风干湿表干球温度 15.7℃，湿球温度 14.1℃时，相对湿度为 84%。

（3）结果比较分析。比较林内和空旷地在不同时段的空气相对湿度是否存在差异，并解释其原因。

七、注意事项

（1）林地内和对照地的空气相对湿度测定，一定要在相同的时间进行，这样获得的数据才具有可比性。

（2）使用通风干湿表时，应将干湿计放置距地面 1.2～1.5 m 的高处。

实验四　不同生境中风速的测定

一、实验目的

通常把空气对于地面的水平流动称为风。测定风有两个参数指标，即风向和风速。风向是指风的来向，用十六方位法表示，可以简单地用罗盘或通过云的运动方向或植被弯曲的方向测得。风速是指空气质点在单位时间内移动的水平距离（m/s）。

风是影响农业生产的重要环境因子之一，适度风速对改善农业环境起着重要作用，例如风有利于传粉和调整空气的相对湿度。风对农业生产也会产生消极作用，风是传播病虫害的重要因子，例如高空风是黏虫、稻飞虱、稻种卷叶螟、飞蝗等害虫长距离迁飞的气象因子。过强的风使农作物遭受倒伏或破坏。在农业生产中营造防风林、设置障碍是有效的防风方法，因此，测量风速对农业生产有重要的指导作用。本实验让学生了解风向风速表的构造和工作原理，学会其使用方法，并认识在不同生境下风环境的差异及其生态学意义。

二、实验原理

本实验采用轻便风向风速表测定。该仪器是测量风向和 1 min 内平均风速的仪器，它适用于野外观测。仪器由风向部分（包括风向标、方位盘、制动小套）、风速部分（包括十字护架、风杯）和手柄三部分组成（图 2-7）。当按下风速表按钮，启动风速表后，风杯随风转动进而带动风速表主机内的齿轮组，使指针在刻度盘上指示出风速。同时，控制系统也开始工作，待 1 min 后自动停止计时，风速指针也停止转动。指示风向的方位盘是一磁罗盘。当制动小套管打开后，罗盘即按地磁子午线方向稳定下来，风向随风摆动，其指针所指方向即为当时的风向。

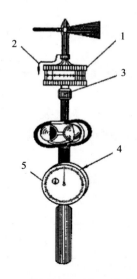

图 2-7　三杯轻便风向风速表

1. 方向盘；2. 风向指针；3. 制动小套管；4. 风速表按钮；5. 风速表刻度盘

在农田小气候观测中也常使用热球微风仪来测量风速小于 1 m/s 的微风，目前使用较多的是 QDF-2 型热球式微风仪（图 2-8）。热球微风仪由热球式探头和电流表两部分组成，球式探头的前端有一小玻璃球，球内绕有加热玻璃球用的线圈（镍铬丝、铂金丝、康铜丝或镀金钨丝）和热电偶，线圈通常采用镍铬丝、铂金丝、康铜丝或镀金钨丝，热电偶的冷端直接暴露在空气中。当一定大小的电流通过加热线圈后，玻璃球的温度升高，升高的幅度与气流的速度有关，气流速度小时，升温幅度大，气流速度大时，升温幅度小。温度的升幅，通过热电偶产生的电动势反映在电流表上，可由电流表直接显示出气流（风）的速度。测量范围为 0.05～10 m/s。

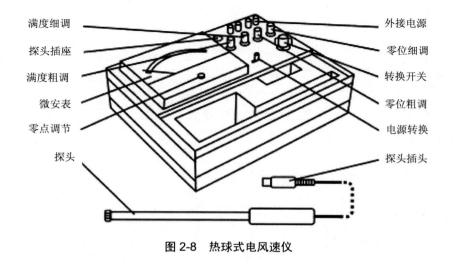

满度细调　　　　　　　　　　　　外接电源
探头插座　　　　　　　　　　　　零位细调
满度粗调　　　　　　　　　　　　转换开关
微安表　　　　　　　　　　　　　零位粗调
零点调节　　　　　　　　　　　　电源转换
探头　　　　　　　　　　　　　　探头插头

图 2-8　热球式电风速仪

三、实验内容

使用轻便风向风速表（或热球式微风仪）测定不同环境下的风速。

农田风向和风速测定：使用轻便风向风速表或热球微风仪测量 20 cm、2/3 株高和冠层以上 1 m 等 3 个高度处的风速（这些高度处的风速对作物生长具有重要意义），并注意不同高度上的风速和风向的变化。

林地风向和风速测定：使用轻便风向风速表（或热球式微风仪）测量林地内和林边空旷地 1.5 m 高度处的风速，并注意不同高度上风速和风向的变化。

四、实验器材

轻便风向风速表（或热球式微风仪）、直尺、记录笔、记录纸等。

五、实验方法与步骤

（一）轻便风向风速表的安装与使用步骤

（1）安装：把风向标、风速表和手柄连接起来，风向标装在风速表上方，手柄装在风速表下方。将轻便风向风速表安置在上风方向，可安装在测杆上或由观测者手持，仪器保持垂直，风杯保持水平，风速刻度盘朝向观测者，风杯距地面的高度为所要观测的高度。

（2）风向观测：观测时应将仪器带至空旷处，由观测者手持仪器，高出头部并保持垂直，风速表刻度盘与当时风向平行，然后将方位盘制动套下拉并向右转一角度，松开风向表方向盘，待方向盘按地磁子午线方向稳定下来后，在按下风速按钮启动风速表测量风速的同时，注视风向指针约 2 min，取其摆动范围的中间位置，即为平均风向。

（3）风速观测：按下风速按钮启动风速表，红色计时小指针开始转动，待 1 min 后时间指针回到零位，黑色风速大指针停止转动后，读出风速指针所示数值，即为指示风速。再用指示风速由风速订正曲线上查出实际风速，精确到 0.1 m/s。

（4）观测完毕，将方位盘制动小套向左转一角度，固定好方位盘（切勿再按风速按钮），并将其放入盒内。

（二）热球微风仪的使用步骤

（1）把校正开关置于"断"位，检查电流表指针是否在零位，如有偏差可调节电流表上的零位调节螺丝，使电流表指针回到零位。

（2）把校正开关置于"满度"位置，调节满度调节旋钮，使电表指针指在满刻度位置。

（3）把校正开关置于"零位"位置，顺序调节"粗调"和"细调"两个旋钮，使电流表指针回到零位。

（4）将探头抽出，置于上风方向，由电流表上读出指示的风速数值，再根据风速校正曲线查出实际风速。

六、数据统计与结果分析

将上述观测的数据分别填入相应的表格中（表 2-7、表 2-8）。在此基础上，比较两种生境中不同高度、不同时段的风向与风速的变化规律，并分别解释其原因。

表 2-7　稻田环境下的风向及风速测定

观测时间：　　　　　　　　　观测地点：　　　　　　　　观测记录人：

时间		8：00	9：00	10：00	11：00	12：00
风向						
风速	20 cm					
	2/3 株高					
	冠层上方 1 m					

注：当风速为零时，即为静风，风向记为 "C"。

表 2-8　林内和林边空旷地 1.5 m 高度的风向及风速测定

观测时间：　　　　　　　　　观测地点：　　　　　　　　观测记录人：

时间		林内				林边空旷地			
		8：00	9：00	10：00	11：00	8：00	9：00	10：00	11：00
风向									
风速	1								
	2								
	3								
	4								
	5								
	6								
	平均								

注：当风速为零时，即为静风，风向记为 "C"。

七、注意事项

（1）保持仪器清洁、干燥。若仪器被雨、雪打湿，使用后须用软布擦拭干净。

（2）仪器应避免碰撞和震动。非观测时间，仪器要放在盒内，切勿用手摸风杯。

（3）平时不要随便按风速按钮，计时机构在运转过程中亦不得再按动该按钮。

（4）仪器使用 120 h 后，须重新检定。

（5）测量过程中不能受周围环境的影响，特别要防止人为因素的干扰，比如，人站立的位置应该在测量点的下风位，不能遮挡风速。

实验五　不同环境中土壤水分含量的测定

一、实验目的

土壤水分是土壤的重要组成部分，它不仅是作物生长需水的主要供给源，而且也是土壤内各种生物活动和养分转化过程的必要条件。进行土壤水分的测定有两个目的：一是了解田间土壤的实际含水状况，以便及时进行灌溉、保墒或排水，保证作物的正常生长；或结合作物长相、长势及耕作栽培措施，总结丰产的水肥条件；或结合苗情症状，为植物生长诊断提供依据。二是在室内分析工作中，测定风干土的水分，把风干土重换算成烘干土重，可作为各项分析结果的计算基础。本实验要求学生掌握烘干法和酒精燃烧法测定土壤水分的方法，加深认识土壤水分对植物和土壤生物生长的生态学意义。

二、实验原理

土壤含水量的测定通常包括两种方法：一是烘干法测定土壤吸湿水含量；二是酒精燃烧法测定新鲜土壤的含水量。

（1）烘干法。在（105±2）℃的条件下，水分从土壤中全部蒸发，而结构水不易被破坏，土壤有机质也未分解。因此，将土壤样品置于（105±2）℃下，烘至恒重，所失去的质量即为水分的质量，根据其烘干前后质量之差，就可以计算出土壤水分含量的百分数。

（2）酒精燃烧法。该法是利用酒精在土壤样品中燃烧放出的热量，使土壤水分蒸发，通过土壤燃烧前后质量之差，计算出土壤含水量的百分数。

这两种方法是用不同的方式烘干土壤中的水分，通过湿土与烘干土重之差，求出土壤失水质量占烘干土质量的百分数。其中烘干法是目前国际上土壤水分测定的标准方法，它具有准确度高、可批量测定的特点。酒精燃烧法测定的含水量准确度稍低，但具有快速简便的特点，在生产上也有较高的应用价值。

三、实验内容

应用烘干法和酒精燃烧法测定在不同环境下新鲜土壤的含水量。

四、实验器材

烘干箱、天平（感量 0.01 g、0.000 1 g）、干燥器、火柴、石棉网、称量瓶（或铝盒）、牛角勺、锹、环刀、95%酒精等。

五、实验方法与步骤

分别在校内人工林样地内以及树林边空旷地用样方绳框一个 20 m×20 m 的样方，各个样地均匀选取 8 个取土点，用环刀在 10 cm 土层取样，装在大铝盒中，带回实验室进行测定。

（一）烘干法测定

（1）取洗净的编有号码的有盖铝盒（或玻璃称量瓶），放在（105±2）℃的烘箱中烘干，一段时间后用坩埚钳取出放入干燥器中冷却，在天平（感量 0.01 g、0.000 1 g）上称得其恒重（A）。一般测定土壤自然含水量时使用感量为 0.01 g 的天平；测定风干土样时使用感量为 0.000 1 g 的天平。

（2）用牛角勺将约 5.0 g 土样，均匀地平铺在铝盒中，准确称重（B）。

（3）将敞开盖子的铝盒放入（105±2）℃的恒温烘箱中，铝盒盖放在铝盒的旁侧。烘 6 h 左右。

（4）用坩埚钳将铝盒取出，盖上盖子，置铝盒于干燥器中 20～30 min，冷却到室温，称重。启开铝盒盖，再烘 2 h，冷却，称至恒重（C），即要求前后两次称重之差不大于 3 mg。

（二）酒精燃烧法

（1）称取新鲜土样 10.0 g 左右（精确到 0.01 g），放入已知重量的铝盒中。

（2）向铝盒中滴加酒精，直到全部土面刚浸没为止，将铝盒在桌面上轻轻敲几下，使土样被酒精浸透。

（3）将铝盒放在石棉网上，点燃酒精，在酒精快要燃烧完时，用小刀轻轻翻动土样，以加速水分蒸发，待火焰熄灭，样品冷却后，再滴加酒精至刚浸没土样，进行第二次燃烧。一般烧 3～4 次即可达到恒重，即要求前后两次之差小于 30 mg。

六、数据统计与结果分析

（1）结果计算：

$$土壤吸湿水含量（W）=\frac{B-C}{C-A}\times100\%$$

式中：A——铝盒的质量，g；

　　　B——新鲜或风干土样与铝盒的质量，g；

　　　C——烘干土与铝盒的质量，g。

（2）将实验数据按照上述公式计算土壤含水量，同时，比较林边空旷地和林地内部的土壤水分含量的差异，并解释其差异原因。

七、注意事项

（1）平行测定的结果用算术平均值表示，保留小数点后一位。

（2）平行测定结果的相差，水分小于 5%的风干土样不得超过 0.2%，水分为 5%～25%的潮湿土样不得超过 0.3%，水分大于 15%的大粒黏重潮湿土壤不得超过 0.7%。

（3）由于有机质高的土壤燃烧时易造成损失，故风干土有机质含量高的土壤含水量的测定不适用于酒精燃烧法。

（4）一般烘干法不得超过（105±2）℃。

（5）操作过程中要注意防止土样损失，以免出现误差。

（6）烘干法不适于测定石膏性土壤和有机土（含有机质 20%以上的土壤）的土壤。

实验六　不同环境中水体溶解氧含量的测定

一、实验目的

溶解氧（DO）是指溶解于水中的氧的含量，以每升水中含有氧气的毫克数表示。溶解氧以分子状态存在于水中，它与大气压、空气中的氧分压以及水温有关。在温度 20℃和大气压 100 kPa 下，在纯水里的溶解氧含量约为 9 mg/L。在通常情况下空气中的氧含量变化不大，但水温可明显影响水体中溶解氧的含量，水温愈低，水中溶解氧的含量愈高。水中溶解氧量是水质的重要指标，当溶解氧高时，有利于水体中各类污染物（主要是有机物）的分解和降解，从而使水体较快地得以净化；反之，溶解氧低，水体中污染物降解较缓慢。因此，溶解氧的多少是衡量水体自净能力的重要指标。

本实验通过测定湖水（池塘水）、生活污水及自来水中溶解氧的含量，让学生掌握水体样品的采样方法，以及使用碘量法和溶氧仪测定水中溶解氧的方法，在此基础上加深对水体溶解氧的生态学意义的认识。

二、实验原理

碘量法属于氧化还原滴定法，是测定水中溶解氧的基准方法。此方法适用于各种溶解氧浓度大于 0.2 mg/L 和小于氧的饱和浓度两倍（约 20 mg/L）的水样。多数还原性有机物，如腐殖酸和木质素等会对测定产生干扰。可氧化的硫化物也易产生干扰。当含有这类物质时，宜采用电化学法。

碘量法的基本原理是：水中加入硫酸锰和碱性碘酸钾会产生氢氧化锰沉淀（棕色），这种沉淀不稳定，迅速被水体中的溶解氧氧化为锰酸锰。在碘化物存在下，加硫酸后，锰酸锰能氧化碘化钾析出一定量的碘，以淀粉为指示剂，用硫代硫酸钠标准溶液滴定释放出的碘，根据标准溶液消耗量可计算出溶解氧的量。

$$4MnSO_4+8NaOH \longrightarrow 4Mn(OH)_2\downarrow +4Na_2SO_4$$
$$2Mn(OH)_2+O_2 \longrightarrow 2MnO(OH)_2\downarrow （即 H_2MnO_3\downarrow，棕黄色沉淀）$$
$$2H_2MnO_3+2Mn(OH)_2 \longrightarrow 2MnMnO_3+4H_2O$$
$$2MnMnO_3+6H_2SO_4+4KI \longrightarrow 2I_2+4MnSO_4+6H_2O+2K_2SO_4$$
$$2I_2+4Na_2S_2O_3 \longrightarrow 4NaI+2Na_2S_4O_6（连四硫酸钠）$$

溶解氧测定仪的工作原理是：氧透过隔膜被工作电极还原，产生与氧浓度成正比的扩散电流，通过测量此电流，得到水中溶解氧的浓度。

三、实验内容

用碘量法和溶氧仪测定湖水（池塘水）、生活污水和自来水中溶解氧的含量。

四、实验材料与仪器设备

（一）仪器

棕色滴定管、碘量瓶、溶解氧瓶、量筒、移液管、2 500 mL 塑料桶、1 000 mL 和 400 mL 烧杯、溶氧瓶、温度计、乳胶管、JPB—607 型溶解氧分析仪等。

（二）试剂

（1）$MnSO_4$ 溶液：称取 240 g $MnSO_4 \cdot 4H_2O$ 溶于水中，用水稀释至 500 mL。此溶液酸化以后的 KI 溶液中，遇淀粉不应产生蓝色。

（2）碱性 KI 溶液：称取 75 g KI 溶于 100 mL 水中，取 250 gNaOH 溶于 150～200 mL 水中，待 NaOH 溶液冷却后，将上述两种溶液合并后用水稀释并定容至 500 mL。若有沉淀，则放置后倾出上部清液，贮存于棕色瓶中，用橡皮塞塞紧，避光保存。此溶液酸化后，遇淀粉应不呈蓝色。

（3）（1+5）和（1+1）H_2SO_4。

（4）10 g/L 淀粉：称 1 g 淀粉，用少量水调成糊状，倒入 100 mL 沸腾的水中，再煮沸 1～2 min，临用时配制。

（5）0.250 0 mol/L 重铬酸钾标准溶液：称取 105～110℃烘干 2 h 并冷却的基准 0.612 9 g 溶于水中，转入 500 mL 容量瓶稀释至刻度，摇匀。

（6）0.025 mol/L 硫代硫酸钠标准溶液：准确称取 6.2 g $Na_2S_2O_3·5H_2O$ 溶于煮沸并冷却的水中，加 0.2 g Na_2CO_3，用水稀释至 1 000 mL。贮于棕色瓶中，使用前进行标定，方法如下：于 250 mL 碘量瓶中，加入 100 mL 水和 1 g KI，加入 10.00 mL 上述标准溶液，加入 5 mL（1+5）H_2SO_4溶液后密塞摇匀，于暗处静置 5 min 后，用待标定的硫代硫酸钠溶液滴定至溶液呈现淡黄色，加 1 mL 淀粉溶液，继续滴定至蓝色刚好消失时为终点，记录消耗掉的硫代硫酸钠标准溶液的体积（V）。

五、实验方法与步骤

（一）碘量法

（1）布点：选取一湖泊（或池塘），在入水口、出水口，以及湖泊其他区域进行选点。若水深<1 m，则在每个布点断面只设 1 个点（在水下 0.2～0.5 m），若水深>5 m 则要增加断面点数。

（2）采集：溶解氧测定的水样采集需特制的采样装置，以避免采样过程中氧气含量的变化。使用溶氧瓶、碘量瓶。装取方法为：将胶管的一端接上玻璃管，另一端套在采水器的出水口，放出少量水样涮洗溶解氧瓶两次。将玻璃管插到溶解氧瓶底部，慢慢注入水样，待水样装满并溢出约为瓶子体积的一半时，将玻璃管慢慢抽出。

（3）固定：采样后立刻用玻璃移液管或移液枪（管尖靠近液面）加入 2 mL $MnSO_4$ 溶液和 2 mL 碱性碘化钾溶液以固定溶解氧，盖严瓶塞，颠倒混匀几次，此时有黄棕色沉淀组析出，带回实验室待测。

（4）测定分析：在上述溶解氧瓶中加 2 mL 浓硫酸，小心盖好瓶塞，颠倒混匀，放置 5 min，使沉淀充分溶解（否则应补加浓硫酸），放置暗处 5 min，然后准确吸取 100 mL 上述溶液于碘量瓶中，立即用 0.025 0 mol/L 硫代硫酸钠标准液滴定至呈淡黄色，加 0.5%淀粉 1 mL，当蓝色刚好褪去时即为终点，记录硫代硫酸钠的用量（V）。

（二）使用溶氧仪测定溶解氧

1. 样品采集

（1）用塑料桶做成的简易采样器采集湖中表层水一桶。同时采集污水和自来水，采集前先将水样充满桶，冲洗两次，采集时尽量减少空气进入，采好后立即盖好盖子，带回实验室测定。

（2）将采回水样倒入烧杯时，必须使用乳胶管，管的一端插入采样桶的水中，另一端插入烧杯底部，利用虹吸法将水样倒入烧杯。采集自来水时，先将乳胶管接到水龙头上，放水数分钟，再将乳胶管的另一端插至烧杯底部，收集水样。

2. 仪器的调整和测量

（1）将电极插头插入仪器的电极插口内，同时将仪器的电源开关拨至"测量"挡，测量选择开关拨至溶氧挡，盐度调节旋钮向左旋至底（0 g/L）。

（2）当仪器预热 5 min 后将电极放入 5%新鲜配制的 Na_2SO_3 溶液（即无氧水）中 5 min，待读数稳定后，调节调零旋钮，使仪器显示为零。由于电极的残余电流极小，如果没有 Na_2SO_3 溶液，只要将仪器电源开关置于调零挡，调节调零电位器，使仪器显示为零即可。

（3）把电极从溶液中取出，用水冲洗干净，用滤纸小心吸干薄膜表面水分，放入空气中待读数稳定后，调节跨度调节器，使读数指示值为纯水在此温度下饱和溶解氧值。各种温度下饱和溶解氧值（表2-9）。

表 2-9　氧在不同温度和氯化物浓度下水中饱和含量（气压 101.3kPa）

温度/℃	Cs/（mg/L）	ΔCs/（mg/L）	温度/℃	Cs/（mg/L）	ΔCs/（mg/L）	温度/℃	Cs/（mg/L）	ΔCs/（mg/L）
0	14.61	0.092 5	14	10.30	0.057 7	28	7.82	0.038 2
1	14.22	0.089 0	15	10.08	0.055 9	29	7.69	0.037 2
2	13.82	0.085 7	16	9.86	0.054 3	30	7.56	0.036 2
3	13.44	0.082 7	17	9.66	0.052 7	31	7.43	
4	13.09	0.079 8	18	9.46	0.051 1	32	7.30	
5	12.74	0.077 1	19	9.27	0.049 6	33	7.18	
6	12.42	0.074 5	20	0.08	0.048 1	34	7.07	
7	12.11	0.072 0	21	8.90	0.046 7	35	6.95	
8	11.81	0.069 7	22	8.73	0.045 3	36	6.84	
9	11.53	0.067 5	23	8.57	0.044 0	37	6.73	
10	11.26	0.065 3	24	8.41	0.042 7	38	6.63	
11	11.01	0.063 3	25	8.25	0.041 5	39	6.53	
12	10.77	0.061 4	26	8.11	0.040 4			
13	10.53	0.059 5	27	7.96	0.039 3			

（4）反复上述的（2）～（3）步操作。

（5）将电极浸入待测溶液中，此时仪器的读数即为被测水样的溶解氧的含量值。

六、数据统计与结果分析

碘量法测定溶解氧含量的计算公式为：C_{O_2}（mg/L）=（V×0.025 0×8÷1 000）/水样体积，V 为硫代硫酸钠标准溶液的体积。溶氧仪则可直接读出溶解氧的含量。

七、注意事项

（1）取样和测定时动作必须轻缓，以免使空气中的氧溶解于水样中，或者是水样中的氧逸出，影响测定结果。

（2）析出 I_2 当沉淀降到瓶底后，轻轻打开瓶塞，立即用吸管插入液面下加入 2 mL（1+1）H_2SO_4，放置 5 min 后滴定。

（3）一般要做平行样，然后取平均值。

（4）滴定第一次蓝色褪尽为终点，如重现蓝色，不必再滴定，它是溶液中 NaI 与空气中氧作用而析出 I_2 的结果。

（5）本法适用于测定较清洁水中的 DO。水中游离氯、亚铁盐、亚硫酸盐、硫化物和有机物等对测定有干扰，可采用不同的方法消除干扰。如水中含亚铁盐或亚硝酸盐等还原性物质时，应加 H_2SO_4 0.7 mL 及 0.2 mol/L 高锰酸钾 1 mL，处理使水样呈淡粉色，再加 1 mL 2%草酸，使其褪色，再测 O_2。

（6）使用 $MnSO_4$ 和 KI 溶液时要用两支吸管，不能混用，否则在吸管内产生沉淀。

（7）如果被测水样盐度较高，测量时应进行盐度校准。

主要参考文献

[1]　艾有年. 环境监测新技术[M]. 北京：中国环境科学出版社，1992.

[2]　包云轩，樊多琦. 气象学实习指导[M]. 北京：中国农业出版社，2002.

[3]　包云轩. 气象学[M]. 北京：中国农业出版社，2002.

[4]　鲍士旦. 土壤农化分析[M]. 北京：中国农业出版社，2002.

[5]　陈家豪. 农业气象学[M]. 北京：中国农业出版社，1999.

[6]　段若溪，姜会飞，农业气象学[M]. 北京：气象出版社，2002.

[7]　冯定原. 农业气象学[M]. 南京：江苏科学技术出版社，1984.

[8]　付荣恕，刘林德. 生态学实验指导教程[M]. 北京：科学出版社，2005.

[9]　黄秀莲. 环境分析与监测[M]. 北京：高等教育出版社，1989.

[10]　李博. 生态学[M]. 北京：高等教育出版社，2000.

[11]　鲁如坤. 土壤农业化学分析方法[M]. 北京：中国农业科学技术出版社，2002.

[12]　吴邦灿. 现代环境监测技术[M]. 北京：中国环境科学出版社，1999.

[13]　杨持. 生态学实验实习[M]. 北京：高等教育出版社，2003.

[14]　张家诚. 中国气候[M]. 上海：上海科学技术出版社，1985.

[15]　张世森. 环境监测技术[M]. 北京：高等教育出版社，1992.

[16]　章基嘉. 气候变化的证据、原因及对生态系统的影响[M]. 北京：气象出版社，1995.

[17]　浙江农业大学. 农业化学实验[M]. 上海：上海科学技术出版社，1985.

[18]　中华人民共和国标准，编号 GB 13195—91.

[19]　中华人民共和国标准，编号 GB 7172—87.

第三章　个体生态学实验

个体生态学是以个体生物为研究对象，研究个体生物与环境之间的相互关系，即环境对生物体的影响以及生物体对环境的适应与生理响应。本章将主要介绍几种主要的环境胁迫因子（包括干旱、淹水、温度、酸、盐、环境污染等）对生物体的生理生态性状的影响实验。

实验七　干旱胁迫对植物生理生态性状的影响

一、实验目的

干旱是在植物生长过程中经常会面临的重要环境胁迫之一。本实验的主要目的是让学生学会观察在干旱环境下作物根系和叶片对不同程度干旱胁迫的生理生态响应，加深对植物生理生态指标与土壤水分含量之间关系的认识。同时，熟悉各项植物生理生态学指标的测定方法，以及相关仪器的工作原理并正确操作。另外，通过实验研究，让学生筛选适用于作物干旱早期诊断的指标。

二、实验原理

水是影响植物生长的主要生态因子之一。作物对干旱胁迫的响应包括在形态学、解剖学、细胞水平等方面进行的一系列调整。当作物体内发生水分亏缺时，代谢过程会发生明显改变，使生理活动发生障碍。其中形态方面主要表现在根系发育受到影响，根长、根数和质量明显减少，根系活力降低；茎叶生长缓慢；生殖器官的发育受阻。在生理生化方面主要表现为细胞膜的透性增强，细胞内的溶质外渗，相对电导率增大；细胞内蛋白质分子变性凝固且蛋白质合成受阻；酶系统发生紊乱；叶片气孔关闭，CO_2 进入量减少，光合作用下降，同化产物积累降低；开始干旱时呼吸加强，随后逐渐减弱，能量供应减少，干旱持续下去，糖类与蛋白质消耗量增加，引起作物早衰。这些变化最终将导致作物生物量和产量的下降。

因此，对于干旱胁迫，可以设计梯度实验，研究某一作物对不同程度干旱胁迫的响应，通过检测作物根系形态、根系活力、叶片含水量、叶片水势、叶片叶绿素含量、叶片光合特性的变化，以深入研究和认识作物的抗旱性，揭示其适应机制，进而为抗旱作物品种的选育与抗旱作物的栽培管理提供科学依据。

三、实验内容

通过盆栽土培，利用称重法控制土壤水分。实验设置对照（正常灌水，保持土壤最大持水量的 80%）、轻度胁迫（保持土壤最大持水量的 65%）、中度胁迫（保持土壤最大持水量的 55%）和重度胁迫（保持土壤最大持水量的 35%）4 个处理，待玉米长至两叶一心时，进行不同程度干旱胁迫处理，干旱胁迫持续 1 周后，取样并测定作物根系形态、根系活力、叶片含水量、叶片水势、叶片叶绿素含量、叶片光合特性等指标，每个处理均设置 5 个重复。

四、实验材料、场地、试剂与仪器设备

（一）材料

玉米（*Zea mays* L.）种子。
土表 0～20 cm 的土壤，风干后过 2.5 mm 筛，充分混匀以备用。

（二）场地

玻璃温室。

（三）试剂

过氧化氢、氯化三苯四氮唑、磷酸二氢钠、磷酸氢二钠、硫酸、乙酸乙酯、甲䏶。

（四）仪器设备

根系扫描仪、SPAD-502 叶绿素仪、WP4 水势仪、分光光度计、LI-6400 光合作用测定仪、分析天平（0.000 1 g）、人工气候箱、铝盒、烘箱、剪刀、烧杯、容量瓶、塑料盆、塑料桶、铅笔等。

五、实验方法与步骤

（一）各指标的测定方法

1. 根系形态特征的测定

作物根系是活跃的吸收和合成器官，其生长情况直接影响到地上部的生长及最终产量，作物的根系形态特征能影响水分吸收并最终影响植物的水分平衡，与作物的耐旱性密切相关。根系形态特征的观察可通过根系扫描仪直接测定，操作简述如下：将作物根系清洗干净后，利用扫描仪将根系扫描并以图像格式保存入电脑，借助专业根系图像分析软件 WinRHIZO（加拿大，Regent Instruments 公司）对扫描所得的根系图像进行分析，获取作物总根长（cm）、根表面积（cm²）、根平均直径（cm）和总根体积（cm³）等根系性状参数。

2. 根系活力的测定

根系活力是根系吸收能力、合成能力、氧化能力和还原能力的综合体现，反映根系的

生长发育状况，是根系生命力的综合指标。根系活力的测定参照李合生（2000）的方法。称取新鲜根尖样品 0.5 g 左右，放入 10 mL 烧杯中，加入 0.4%TTC（氯化三苯四氮唑）溶液和磷酸缓冲溶液（1/15 mol/L, pH7.0）的等量混合液 10 mL，使根完全浸没在反应液中，置于 37℃ 下暗保温 1.5 h，此后加入 1 mol/L 硫酸 2 mL 终止反应。把根取出，吸干水分后与乙酸乙酯 3～4 mL 和少量石英砂一起研磨，以提取甲臜。将红色提出液完全过滤到试管中，最后加乙酸乙酯定容至 10 mL，用分光光度计在波长 485 nm 测定各样品吸光值，用甲臜作标准曲线，从而计算根系活力，单位为 mg/（h·g）。

3．叶片含水量的测定

土壤作为植物水分的供应源，其水分匮乏时，植物组织表现出缺水状态；当水分充足时，植物组织表现为水饱和。叶片作为植物水分散发的最大器官，对水分变化尤为敏感。叶片含水量（LWC）常以植物叶片的自然鲜重与干重之差占自然鲜重的百分数来表示，其公式为：

$$LWC（\%）=（W_f-W_d）/W_f\times100\%$$

式中：W_f——自然鲜重；

$\qquad$ W_d——干重。

4．叶片水势的测定

水势是推动水在生物体内移动的势能。水分总是从水势梯度高的地方向水势低的方向流动。植物细胞水势的高低直接反映了植物从外界吸收水分和保持水分能力的大小，是水分状况及水分胁迫程度的基本指标。叶片水势的测定用 WP4 水势仪直接测定，单位为兆帕（MPa）。

5．叶片光合特性的测定

可用 LI-6400 光合作用测定仪直接测定。根据光合作用的原理，在光合作用测定仪的叶室中，植物在阳光下进行光合作用吸收 CO_2 放出 O_2，同时发生蒸腾作用，致使流经叶室的 CO_2 和 H_2O 发生改变，CO_2 和 H_2O 可以吸收特定波段的红外线，因此其细微变化将导致对红外线吸收强度的改变，而红外线损耗量的变化又导致其能量变化，进而使所产生的电信号发生改变。该仪器根据气体的流速和叶面积等，可以计算出光合速率与蒸腾速率，进而可以计算出气孔导度和胞间 CO_2 浓度。光合速率、蒸腾速率、气孔导度和胞间 CO_2 浓度的单位分别是 μmol/（m^2·s）、mmol/（m^2·s）、mmol/（m^2·s）和 μmol/（m^2·s）。

6．叶片叶绿素含量的测定

可采用日本产 SPAD-502 叶绿素仪直接测定。SPAD-502 叶绿素仪通过测量叶片在两种波长范围内的透光系数来确定叶片当前叶绿素的相对数量。利用透射方法及时测量叶绿素的含量，简单地把测量仪夹在叶片组织上，在 2 s 内就可得到叶绿素含量，单位为 mg/g。

（二）实验步骤

（1）将玉米种子用蒸馏水充分清洗后放入培养皿中，用 8% 的过氧化氢（H_2O_2）浸泡消毒 10 min，洗净后加蒸馏水在人工气候箱中 30℃ 浸种 48 h（期间换水两次），然后将种子置于约 28℃ 下催芽 24 h。

（2）选择发芽一致的种子播种于装有 2 500 g 土壤的塑料盆（高×直径=18 cm×18 cm）

中，共 20 盆，每盆 3 粒种子，放置于玻璃温室中让其生长，隔 1 d 浇一定量的蒸馏水，使其土壤水分保持土壤最大持水量的 80%，为了确保处理时的均匀性，待出苗后每个塑料盆内只保留两株长势健康一致的幼苗。待玉米长至两叶一心时进行不同程度的干旱胁迫处理。

（3）将其中的 15 盆玉米分别进行轻度胁迫（保持土壤最大持水量的 65%）、中度胁迫（保持土壤最大持水量的 55%）和重度胁迫（保持土壤最大持水量的 35%）处理，另外 5 盆作为对照（正常灌水，保持土壤最大持水量的 80%），用铅笔注明处理及重复号，每天采用称重法进行补水控水，以便保持各处理的土壤水分。

（4）干旱胁迫持续处理 1 周后，标记不同程度干旱胁迫处理和对照组中每盆其中的 1 株，用 LI-6400 光合作用测定仪测定倒一叶的光合特性，具体使用方法可参考仪器说明，将光合速率[μmol/（m^2·s）]、蒸腾速率[mmol/（m^2·s）]、气孔导度[mmol/（m^2·s）]和胞间 CO_2 浓度[μmol/（m^2·s）]值记录在表 3-1 中。

表 3-1 玉米的光合作用特性记录

处理	对照					轻度胁迫				
重复	1	2	3	4	5	1	2	3	4	5
光合速率										
蒸腾速率										
气孔导度										
胞间 CO_2 浓度										

处理	中度胁迫					重度胁迫				
重复	1	2	3	4	5	1	2	3	4	5
光合速率										
蒸腾速率										
气孔导度										
胞间 CO_2 浓度										

（5）将对照和不同程度干旱胁迫处理每盆剩余的各 5 株玉米，用 SPAD-502 叶绿素仪测定倒一叶的叶绿素含量（mg/g），将读数记录在表 3-2 中。

表 3-2 玉米叶片叶绿素含量记录

处理	对照					轻度胁迫				
重复	1	2	3	4	5	1	2	3	4	5
叶绿素含量										

处理	中度胁迫					重度胁迫				
重复	1	2	3	4	5	1	2	3	4	5
叶绿素含量										

（6）测完倒一叶的光合特性和叶绿素含量后，将 20 盆玉米搬回实验室，用剪刀剪下每盆其中 1 株玉米倒一叶的叶片，放入提前称好重量的铝盒（W_1）中，用分析天平称总重，记为 W_2，称完后将铝盒置于烘箱中 105℃下烘 15 min 杀青，再于 80～90℃下烘至

恒重，记为 W_3，则叶片的自然鲜重 $W_f = W_2 - W_1$，干重 $W_d = W_3 - W_1$，再根据 LWC（%）= $(W_f - W_d)/W_f \times 100\%$ 计算植物叶片含水量，将结果记录在表 3-3 中。

表 3-3　玉米叶片含水量记录

处理	对照					轻度胁迫				
重复	1	2	3	4	5	1	2	3	4	5
W_1										
W_2										
W_3										
W_f										
W_d										
LWC										
处理	中度胁迫					重度胁迫				
重复	1	2	3	4	5	1	2	3	4	5
W_1										
W_2										
W_3										
W_f										
W_d										
LWC										

（7）用剪刀剪下每盆各剩余 1 株玉米倒一叶的叶片，剪碎后平铺在水势仪的小盒子中，具体使用方法可参考仪器说明，待仪器稳定后直接读数，记录样品的水势值，单位用兆帕（MPa）表示，将结果记录在表 3-4 中。

表 3-4　玉米水势记录

处理	对照					轻度胁迫				
重复	1	2	3	4	5	1	2	3	4	5
水势										
处理	中度胁迫					重度胁迫				
重复	1	2	3	4	5	1	2	3	4	5
水势										

（8）测完地上部生理生态形状后，将带有玉米植株的花盆放入水中，浸透后轻轻来回晃动花盆，待整个根系全部暴露后，小心将根系清洗干净，每盆中的 1 株用于测定根系活力，另 1 株用于观察根系形态特征。

（9）将对照和不同程度干旱胁迫处理的玉米根系用纸巾吸干表面水分后，用剪刀剪下新鲜根尖，称取新鲜根尖样品 0.5 g，在根据实验原理中根系活力测定方法测定各样品的根系活力[mg/（h·g）]，将结果记录在表 3-5 中。

表 3-5　玉米根系活力测定记录

处理	对照					轻度胁迫				
重复	1	2	3	4	5	1	2	3	4	5
样品重量										
吸光值										
根系活力										
处理	中度胁迫					重度胁迫				
重复	1	2	3	4	5	1	2	3	4	5
样品重量										
吸光值										
根系活力										

（10）用剪刀剪下每盆剩余 1 株玉米根系的整个根系，尽量使根系保持完整，利用根系扫描仪对根系图像进行分析，将玉米总根长（cm）、根表面积（cm^2）、根平均直径（cm）和总根体积（cm^3）记录在表 3-6 中。

表 3-6　玉米根系形状记录

处理	对照					轻度胁迫				
重复	1	2	3	4	5	1	2	3	4	5
总根长										
根表面积										
根平均直径										
总根体积										
处理	中度胁迫					重度胁迫				
重复	1	2	3	4	5	1	2	3	4	5
总根长										
根表面积										
根平均直径										
总根体积										

（11）将实验观测得到的根系形态、根系活力、叶片含水量、叶片水势、叶片叶绿素含量、叶片光合特性数据进行统计分析。

六、数据统计与结果分析

实验所得数据采用 Excel 软件进行整理分析，将取得的根系形态、根系活力、叶片含水量、叶片水势、叶片叶绿素含量、叶片光合特性数据，计算其相应的平均值和标准误差，分别做成柱状图，用统计软件 SAS 或 SPSS 进行方差分析，对照与不同程度干旱胁迫处理平均值之间的差异显著性检验采用邓肯氏新复极差检验法（Duncan's Multiple Range test，DMRT），差异显著性水平为 0.05，然后把方差分析结果标注在柱状图上，用不同字母（如 a，b，c 等）表示差异达 5%显著水平，从而分析不同程度干旱胁迫 1 周对玉米生理生态性状的影响，阐明作物遭受旱害的生理响应，以期为进一步进行作物抗旱性研究提供参考。

七、注意事项

（1）当玉米长至两叶一心时，应选取长势一致的苗做干旱胁迫处理，为保证实验用量，可适当多种几盆。

（2）当测定光合作用特性时，应使每盆玉米所处的光源位置一致，条件许可的话可考虑用人工光源。

（3）用于测定水势的叶片不宜太多，不能超过水势仪专用盒体积的 2/3。

（4）当测定根系活力时，尽量将根系多余水分用吸水纸吸干，以确保用于根系活力测定的根样品重量的准确。

实验八　淹水胁迫对植物生理生态性状的影响

一、实验目的

淹水也是植物生长经常面临的逆境胁迫因子之一。本实验的主要目的是让学生学会观察淹水胁迫下作物根系和叶片一系列生理生态指标的变化，加深对植物生理生态指标与土壤水分含量之间关系的认识。同时，熟悉各项植物生理生态指标的测定方法和程序，了解各种仪器的工作原理并能进行正确操作，开展相关的测定实验，在此基础上，让学生分析探讨淹水胁迫对植物生理生态性状的影响机制，进而能为农业上抗涝减灾提出相应的技术措施与建议。

二、实验原理

水分是决定植物生产力的重要因素之一，水分过多或过少会引起对植物的涝害或旱害。在农业生产中，植物涝害不如旱害普遍，但在某些地区或某个时期，涝害的危害可能更大。如在某些排水不良或地下水位过高的土壤和低洼、沼泽地带，发生洪水或暴雨之后，常会出现水分过多而造成对植物生长的危害。淹水能引起植物形态、解剖、生理和代谢等方面的变化。因此，通过设计淹水胁迫实验，来检测作物根系形态、根系活力、叶片含水量、叶片水势、叶片叶绿素含量、叶片光合特性的变化，可以深入认识植物的抗涝性和耐渍性，有利于揭示其适应机制，为农业生产提供相关参考。

三、实验内容

通过盆栽土培实验控制水分。待大豆第一对初生叶长足后进行淹水胁迫处理，淹水胁迫处理 1 周后，取样测定作物根系形态、根系活力、叶片含水量、叶片水势、叶片叶绿素含量、叶片光合特性等指标，淹水胁迫和对照均采用 5 个重复。

四、实验材料、场地、试剂与仪器设备

（一）材料

大豆（*Glycine max* L.）种子；

取自土表 0～20 cm 的土壤，风干后过 2.5 mm 筛，充分混匀以备用。

（二）场地

玻璃温室。

（三）试剂

过氧化氢、氯化三苯四氮唑、磷酸二氢钠、磷酸氢二钠、硫酸、乙酸乙酯、甲臜。

（四）仪器设备

根系扫描仪、SPAD-502 叶绿素仪、WP4 水势仪、分光光度计、LI-6400 光合作用测定仪、分析天平（0.000 1 g）、人工气候箱、铝盒、烘箱、剪刀、烧杯、容量瓶、塑料盆、塑料桶、铅笔等。

五、实验方法与步骤

（1）将大豆种子用蒸馏水充分清洗后放入培养皿中，用 8%的过氧化氢（H_2O_2）浸泡消毒 10 min，洗净后加蒸馏水在人工气候箱中 30℃浸种 48 h（期间换水两次），然后将种子置于约 28℃下催芽 24 h。

（2）选择发芽一致的种子播种于装有 2 500 g 土壤的塑料盆（高×直径=18 cm×18 cm）中，共 10 盆，每盆 3 粒种子，在玻璃温室中生长，隔 1 天浇蒸馏水 50 mL，为了确保处理时的均匀性，待出苗后每个塑料盆内只保留两株长势健康一致的幼苗。待大豆第一对初生叶长足后，将其中的 5 盆大豆进行淹水胁迫处理，另外 5 盆按常规管理作为对照，用铅笔注明处理及重复号。

（3）将要进行淹水胁迫处理的 5 盆大豆放入大塑料桶中，加入大量蒸馏水（即形成淹水胁迫），以保持水面高出大豆苗基部 3～4 cm，隔 1 天补充水分。

（4）淹水胁迫处理 1 周后，将放在大塑料桶中的 5 盆大豆搬出，标记淹水胁迫处理和对照组中每盆其中 1 株，用 LI-6400 光合作用测定仪测定相同部位叶片的光合特性，具体使用方法可参考仪器说明，将光合速率、蒸腾速率、气孔导度和胞间 CO_2 浓度值记录在表 3-7 中。

表 3-7　大豆光合特性记录

处理	重复	光合速率/ μmol/（m²·s）	蒸腾速率/ mmol/（m²·s）	气孔导度/ mmol/（m²·s）	胞间 CO_2 浓度/ μmol·CO_2/mol
对照	1				
	2				
	3				
	4				
	5				
淹水胁迫	1				
	2				
	3				
	4				
	5				

（5）将对照和淹水胁迫处理的每盆剩余的各 5 株大豆，用 SPAD-502 叶绿素仪测定相同部位叶片的叶绿素含量，将读数记录在表 3-8 中。

表 3-8　大豆叶绿素含量记录

处理	对照					淹水胁迫				
重复	1	2	3	4	5	1	2	3	4	5
叶绿素含量/（mg/g）										

（6）测完叶片光合特性和叶绿素含量后，将 10 盆大豆搬回实验室，用剪刀剪下每盆其中的 1 株大豆的相同部位的叶片，放入提前称好重量的铝盒（W_1）中，用分析天平称总重，记为 W_2，称完后将铝盒置于烘箱中 105℃下烘 15 min 杀青，再于 80～90℃下烘至恒重，记为 W_3，则叶片的自然鲜重 $W_f = W_2 - W_1$，干重 $W_d = W_3 - W_1$，再根据 LWC（%）=（$W_f - W_d$）/W_f×100%计算植物叶片含水量，将结果记录在表 3-9 中。

表 3-9　大豆叶片含水量记录

处理	重复	W_1/g	W_2/g	W_3/g	W_f/g	W_d/g	LWC/%
对照	1						
	2						
	3						
	4						
	5						
淹水胁迫	1						
	2						
	3						
	4						
	5						

（7）用剪刀剪下每盆剩余 1 株大豆的相同部位的叶片，剪碎后平铺在水势仪的小盒子中，具体使用方法可参考仪器说明，待仪器稳定后直接读数，记录样品的水势值，单位用兆帕（MPa）表示，将结果记录在表 3-10 中。

表 3-10　大豆水势记录

处理	对照					淹水胁迫				
重复	1	2	3	4	5	1	2	3	4	5
水势/MPa										

（8）测完地上部生理生态形状后，将每盆大豆放入水中，浸透后轻轻来回晃动花盆，待整个根系全部暴露后，小心将根系清洗干净，每盆中的 1 株用于测定根系活力，另 1 株用于观察根系形态特征。

（9）将对照和淹水胁迫处理的大豆根系用纸巾吸干表面水分后，用剪刀剪下新鲜根尖，称取新鲜根尖样品 0.5 g，根据实验原理中根系活力的测定方法测定各样品的根系活力，将结果记录在表 3-11 中。

表 3-11　大豆根系活力记录

处理	重复	样品重量/g	吸光值	根系活力/[mg/（h·g）]
对照	1			
	2			
	3			
	4			
	5			
淹水胁迫	1			
	2			
	3			
	4			
	5			

（10）用剪刀剪下每盆剩余 1 株大豆根系的整个根系，尽量使根系保持完整，利用根系扫描仪扫描，并对根系图像进行分析，将大豆总根长（cm）、根表面积（cm^2）、根平均直径（cm）和总根体积（cm^3）记录在表 3-12 中。

表 3-12　大豆根系形状记录

处理	重复	总根长/cm	根表面积/cm^2	根平均直径/cm	总根体积/cm^3
对照	1				
	2				
	3				
	4				
	5				
淹水胁迫	1				
	2				
	3				
	4				
	5				

（11）将实验观测得到的根系形态、根系活力、叶片含水量、叶片水势、叶绿素含量、叶片光合特性数据进行统计分析。

六、数据统计与结果分析

采用 Excel 软件对实验数据进行整理分析，将取得的根系形态、根系活力、叶片含水量、叶片水势、叶片叶绿素含量、叶片光合特性数据用"平均值±标准误"表示，用统计软件 SAS 或 SPSS 进行分析，对照与淹水胁迫处理之间的平均值的差异显著性检验用成组

数据的 t 检验，差异显著性水平为 0.05，同时在表中用"*"表示 $p<0.05$，用"**"表示 $p<0.01$，从而分析淹水胁迫处理 1 周对大豆根系形态、根系活力、叶片含水量、叶片水势、叶绿素含量、叶片光合特性的影响，阐明淹水胁迫对作物生长的作用效应。

七、注意事项

（1）待大豆第一对初生叶长足后，应选取长势一致的苗做淹水胁迫处理，为保证实验用量，可适当多种几盆。

（2）当测定光合作用特性时，应使每盆大豆所处的光源位置一致，条件许可时可考虑用人工光源。

（3）用于测定水势的叶片不宜太多，不能超过水势仪专用盒体积的 2/3。

（4）当测定根系活力时，尽量将根系多余水分用吸水纸吸干，以确保用于根系活力测定的根样品重量的准确。

实验九　模拟气温升高对土壤动物群落结构的影响

一、实验目的

自工业革命以来，人类活动如化石燃料燃烧、土地利用变化等引起了地球大气层中 CO_2 等温室效应气体含量的升高，造成了地球表面的平均温度在 20 世纪大约上升了 0.60℃，预计地球上平均气温还可能继续上升。全球气候变暖将对人类社会、经济和生态环境产生重要影响。温度作为一种重要的生态因子，气温升高必然会对地球上各种类型生态系统带来复杂和多方面的影响。土壤动物作为土壤生态系统中的重要组分，对土壤生态系统的物质循环、能量流动及土壤环境演变等关键生态过程均起着重要作用。温度升高及持续时间的延长会在一定程度上改变或抑制某些土壤动物的生长、取食、代谢、繁殖等生命活动，从而干扰和改变生物群落的组成和结构。目前，控制性实验仍然是研究全球变化的重要技术手段之一，通过模拟气温升高，研究全球变化对土壤动物群落结构的影响，有助于理解在气温升高背景下土壤生物群落的结构与功能响应，同时，实验结果可为评估在未来气温继续升高背景下土壤生物多样性的变化趋势提供参考价值。因此，本实验拟通过在不同温度下对土壤动物进行中短期培养，模拟研究在气温升高条件下中小型土壤动物群落结构和种类组成的变化规律与响应机制。

二、实验原理

不同类别的土壤动物对温度升高的敏感性和响应变化各异，进而可导致某些土壤动物的增长或消亡，最终势必引起土壤动物群落结构的变化。在实验室模拟气温升高的环境中，定期取样，并鉴定分析土壤动物的种类和数量，可以初步探讨气温升高对土壤动物结构的影响规律。

三、实验内容

学习模拟气温升高对土壤动物群落结构影响的研究方法、土壤动物的干湿漏斗分离方法，以及土壤动物群落结构特征指数的计算与分析方法。

四、实验材料与仪器设备、器材、实验场地

（1）实验材料：有机质丰富的森林表层（0～20 cm）土壤。

（2）仪器设备：长 0.50 m、宽 0.50 m、高 0.20 m 的铝皮框；土壤动物分离装置（干漏斗、湿漏斗）；GXZ 型智能光照培养箱若干个、显微镜、体式显微镜、1 000 mL 烧杯、75%乙醇、铁铲、纱布、培养皿、广口瓶、铝勺、记录本等。

五、实验方法与步骤

（1）选择晴朗天气，在有机质丰富地点（如林层土壤）采集土壤样品。采集前观察记录周边的生态环境状况（表 3-13）。采集时用铝皮框圈定目标土壤，防止部分土壤动物逃逸。用铁铲采集铝皮框内 20 cm 土层的全部土壤，带回室内充分混合备用。同时，从中取出一部分土样，利用干湿漏斗法进行土壤动物群落的种类鉴定和本底检测（以作为土壤动物多样性的背景参照），具体操作可按照本书后面的实验三十四中介绍的方法进行。

表 3-13　土壤采集地点的生境情况

样地	温度	湿度	植被状况	树种类别	人类干扰

（2）本实验共设置 4 个温度梯度处理（即 22℃、26℃、30℃、34℃），每处理重复 3 次。将上述混合备用的土壤置于 1 000 mL 的烧杯中（烧杯需于 121℃灭菌 20 min，用黑布完全包裹杯体避光备用），烧杯中放土的规格为保持土层厚度 10 cm，且用纱布封口。同时，将实验用的恒温培养箱的温度分别设置为 22℃（通常采用当地年平均温度作为对照组）、26℃、30℃、34℃，各培养箱的湿度均保持70%。然后，将上述装置好土壤的烧杯置于相应的恒温培养箱中培养。培养周期为 2 周。

（3）分别于第 1、2 周取样，用铝勺采集 0～10 cm 土壤样品，分别用干漏斗法和湿漏斗法分离收集土壤动物，并保存于盛有 75%乙醇溶液的广口瓶中。当分类鉴定和计数时，将土壤动物置于培养皿中，用体式显微镜观察，按照《中国土壤动物检索图鉴》将收集到的土壤动物分类鉴定到目一级，并将鉴定结果记录于表 3-14 中。

表 3-14　模拟气温升高对土壤动物群落结构的影响

实验日期：　　　　　　　　　　　　　　　实验人：

种类	不同气温下土壤动物密度/（个/m³）			
	22℃	26℃	30℃	34℃
中气门亚目				
前气门亚目				
甲螨亚目				
弹尾目				
线虫				
……				

六、数据统计与结果分析

采用相关公式或专用软件计算土壤动物群落结构特征指数，包括 Shannon-Wiener 多样性指数、Pielou 均匀度指数、Simpson 优势度指数等，并做以下几方面的分析：

（1）计算在不同温度梯度下土壤动物多样性指数，并记录在表 3-15 中。同时，分析其变化规律与原因。

（2）计算在不同温度梯度下某些土壤动物的密度，并分辨对气温升高的敏感性或超耐性的种群，如密度大幅增加或减少的土壤动物类群。

表 3-15　模拟气温升高对土壤动物物种多样性指数的影响

实验日期：　　　　　　　　　　　　　　　实验人：

采样次数	22℃	26℃	30℃	34℃
第 1 周				
第 2 周				
土壤动物背景情况				

七、注意事项

（1）采集的土壤样品，不宜久放，应尽快处理。

（2）若工作量较大时，可考虑只进行干漏斗实验或湿漏斗实验。

实验十　模拟酸雨对土壤微生物数量的影响

一、实验目的

酸雨与全球气候变暖、臭氧层破坏并列为当今世界的三大生态环境灾难。酸雨降落进入土壤生态系统以后，势必对土壤生物的生存造成较大影响。因此，本实验拟通过模拟酸雨研究其对土壤微生物（细菌、真菌、放线菌）类群及其数量的影响，从而验证和揭示酸雨对土壤生物多样性的影响及其可能造成的土壤生态风险。

二、实验原理

酸雨对土壤生态系统的影响主要是由于酸性物质的输入改变了土壤物理、化学及生物学过程，导致了土壤酸化和土壤肥力退化。土壤微生态环境的改变必然会导致土壤生物多样性的改变。因此，通过稀释平板法测定模拟酸淋溶后土壤微生物（细菌、真菌、放线菌）的数量变化，可以在一定程度上反映酸雨对土壤微生物群落结构的影响。

三、实验材料与器材

（一）模拟酸雨装置

采用室内土柱模拟法，使用内径 10 cm、高 25 cm 的圆柱形平底塑料桶作为盛装工具，塑料桶底开小孔用以漏水，漏嘴下安放淋溶液收集瓶。土样取自农田土壤或森林土壤，土壤充分压细混匀后装入各塑料桶，每桶 3 kg 土。装完土后，在土样表面再覆盖一层玻璃纤维，以防喷洒酸雨时土粒溅出，如图 3-1 所示。

模拟实验包括酸雨处理（本实验模拟华南地区酸雨较为严重时 pH=3.0 的酸性溶液）和对照处理（蒸馏水，pH 6.5 左右），每个处理各 3 次重复。按华南地区酸雨类型，用分析纯硫酸和硝酸按摩尔比 5∶1 配成母液，将母液加蒸馏水调配成 pH 值为 3.0 的酸性水溶液，每次取 250 mL 酸性水溶液，分别在装土的当天、第 5 天、第 10 天、第 15 天均匀喷湿淋溶。同时，每次在土柱下部收集淋溶液，并将每次收集的淋溶液转移到贮藏瓶中，放入冰箱中保存。

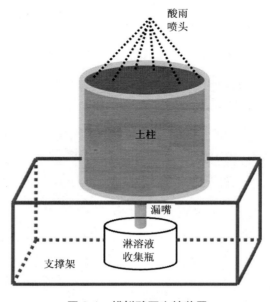

图 3-1　模拟酸雨土柱装置

（二）土壤微生物培养基的制作

根据需要测定的微生物种类，按配方配制好培养基并在 121℃灭菌 20 min。待培养基冷却至 45～50℃时，分别装入灭菌后的培养皿内。

1. 细菌培养基（牛肉膏蛋白胨培养基）的配制

将 3 g 牛肉膏和 5 g 蛋白胨放入盛有 1 000 mL 自来水的铝锅或烧杯中，待加热至水微沸时放入琼脂，等琼脂全部融化后，调节其 pH 在 7.0～7.2。将配制好的培养基分别装入 500 mL 的三角瓶中，每瓶不得超过 350 mL，塞好棉塞，放入高压蒸汽锅，在 103 kPa 压力下灭菌 20 min。

2. 真菌培养基（马丁氏培养基）的配制

将 KH_2PO_4 1.0 g、$MgSO_4 \cdot 7H_2O$ 0.5 g、葡萄糖 10.0 g、琼脂 15.0 g、蛋白胨 5.0 g 溶于 1 000 mL 水中，加入 1%孟加拉红水溶液 3.3 mL。将配制好的培养基分别装入 500 mL 的三角瓶中，每瓶约 300 mL，塞好棉塞，放入高压蒸汽锅，在 68.9 kPa 压力下灭菌 20 min。

3. 放线菌培养基（改良高氏一号培养基）的配制

称取 KNO_3 1.0 g、$FeSO_4 \cdot 7H_2O$ 0.01 g、K_2HPO_4 0.5 g、$MgSO_4 \cdot 7H_2O$ 0.5 g、NaCl 0.5 g、琼脂 15.0 g、淀粉 20.0 g 和水 1 000 mL。先把淀粉放在烧杯里，用少量水调成糊状后，倒入剩余的水，搅匀后加入其他药品，使它溶解。在烧杯外做好记号，加热到煮沸时加入琼脂，不停搅拌，待琼脂完全溶解后，补足失水。调整 pH 到 7.2～7.4，分装后在 103 kPa 压力下灭菌 20 min。

四、实验方法与步骤

（一）土壤样品采集

在最后一次淋溶结束后第 2 天，用环刀采集不同处理的土柱中 0～10 cm 土壤样品，每个处理中土壤各取 3 个重复。

（二）土壤微生物的分离

1. 称样

用 1/100 天平称取 10 g 土样加入盛有 90 mL 无菌水的 500 mL 三角瓶中。同时，另称 10 g 土样（记下准确重量），经 105℃烘干 8 h，置于干燥器中，待冷却后称其重量。按公式计算土壤含水量的百分数：土壤含水量（%）=（湿土重−干土重）/湿土重×100%。

2. 振荡

将盛有 10 g 土样和 90 mL 无菌水的三角瓶放在振荡机上振荡 20 min，使土样均匀地分散在稀释液中，使之成为土壤悬液。

3. 稀释

土壤分散后，吸取 1 mL 土壤悬液到 9 mL 稀释液中，依次按 10 倍法稀释到 10^{-6}。所用吸管当每次吸取悬液时，在稀释液中反复吸入吹出悬液 3～5 次，使管壁吸附部分饱和以减少因管壁吸附而造成的误差，并使悬液进一步分散。

4．土壤悬液的接种与培养

根据不同类群的土壤微生物，分别选择适当的土壤悬液稀释浓度接种，一般细菌为 $10^{-5} \sim 10^{-7}$，真菌为 $10^{-2} \sim 10^{-4}$，放线菌为 $10^{-4} \sim 10^{-5}$。每个稀释度重复 3 次。

细菌采用混合平板测数法：吸取 1 mL 土壤悬液于直径为 9 cm 的无菌培养皿中，然后倒入已融化并冷却到 45℃的牛肉膏蛋白胨培养基中，摇匀凝固后置于 28～30℃恒温培养箱培养，一般 2～3 d。

真菌、放线菌采用涂抹平板法：先于灭菌培养皿中倾注 18 mL 左右马丁氏琼脂培养基或高氏 1 号培养基，凝固后，用吸管吸取一定稀释度的土壤悬液 0.1 mL 于琼脂表面，然后立即用玻璃刮刀将悬液均匀地涂抹于琼脂表面。接种了土壤悬液的培养皿，静置 1 h 后，真菌置于 28～30℃恒温培养箱培养 3～5 d，放线菌置于 28～30℃恒温培养箱培养 5～7 d。

5．菌落计数

定期在相应的培养基中观察和计数菌落，一般而言，稀释平板的适宜范围是，真菌为每平皿 20～80 个菌落；细菌和放线菌为每平皿 50～200 个菌落。

五、数据统计与结果解译

混合平板测数法计算公式：

每克干土中的菌数=（菌落平均数×稀释倍数）/烘干后土样质量

涂抹平板测数法计算公式：

每克干土中的菌数=（菌落平均数×稀释倍数×10）/烘干后土样质量

六、数据统计与结果分析

分别将实验结果填入表 3-16、表 3-17 中，并比较模拟酸雨淋溶后土壤细菌、真菌、放线菌的数量变化，分析讨论酸雨对土壤微生物群落结构的影响及其可能的原因。

表 3-16　酸雨淋溶后的土壤微生物数量

菌落数	细菌				真菌				放线菌			
	1	2	3	平均	1	2	3	平均	1	2	3	平均
1 g 样品活菌数												

表 3-17　对照土壤的微生物数量

菌落数	细菌				真菌				放线菌			
	1	2	3	平均	1	2	3	平均	1	2	3	平均
1 g 样品活菌数												

七、注意事项

在制备培养基的过程中，首先要使用一些玻璃器皿，如试管、三角瓶、培养皿、烧杯和吸管等。这些器皿在使用前都要根据不同的情况，经过一定的处理，洗刷干净。同时，还要进行包装，经过高温灭菌等准备就绪后，才能使用。玻璃器皿的清洗和使用应注意以下方面：

（1）对于新购的玻璃器皿，除去包装沾染的污垢后，先用热肥皂水刷洗，流水冲净，再浸泡于1%~2%的工业盐酸中数小时，使游离的碱性物质除去，再以流水冲净。对容量较大的器皿，如大烧瓶、量筒等，洗净后注入少许浓盐酸，转动容器使其内部表面均沾有盐酸，数分钟后倾去盐酸，再以流水冲净，倒置于洗涤架上将水空干，即可使用。

（2）对于用过的玻璃器皿，凡确无病原菌或未被带菌物污染的器皿，使用后可随时冲洗，吸取过化学试剂的吸管，可先浸泡于清水中，待到一定数量后再集中进行清洗。有可能被病原菌污染的器皿，必须经过适当消毒后，将污垢除去，用皂液洗刷，再用流水冲洗干净。若用皂液未能洗净的器皿，可用洗液浸泡适当时间后再用清水洗净。洗液的主要成分是重铬酸钾和浓硫酸，其作用是将有机物氧化成可溶性物质，以便冲洗。洗液有很强的腐蚀作用，使用时应特别小心，以免溅到衣服、身体和其他物品上。

（3）当配制模拟酸雨时，要用到浓硫酸和浓硝酸等，切记做好防护措施，所用玻璃器皿使用完毕后立即用大量清水清洗，不要随意放置，以免伤及自己和他人。

实验十一　模拟重金属污染对土壤微生物数量的影响

一、实验目的

通过本实验，让学生反复练习并掌握细菌、放线菌和真菌等的常用培养基的制作方法以及土壤微生物的稀释平板培养技术，并根据实验结果，认识和理解重金属污染对土壤微生物的影响效应与作用规律；探讨应用土壤微生物监测土壤重金属污染进行土壤质量评价的技术可行性。

二、实验原理

近年来由于农药和化肥等的大量施用以及污灌、冶金、采矿业的迅速发展而导致日趋严重的土壤重金属污染。土壤重金属污染不仅影响农作物生长和农产品品质，并通过食物链危害人类健康，而且由于其在土壤中的难降解性，对土壤微生物种群的数量及活性产生明显的不良影响，从而影响土壤生态结构和功能的稳定性，进而影响土壤养分的转化与利用。微生物对重金属胁迫的反应比动植物敏感，能较早地预测土壤生态环境质量的变化，也能反映土壤的污染状况，是表征土壤质量的敏感性指标之一。

三、实验内容

在实验室模拟设置不同浓度梯度的重金属污染土壤处理，采用稀释平板培养技术来分离培养土壤中的细菌、放线菌和真菌，观察并计算土壤微生物中三大类群的数量以及土壤微生物的多样性指数，以探讨重金属污染对土壤微生物不同类群的影响规律。

四、实验材料与仪器设备

（1）重金属污染物：可以根据当地的实际情况购买所需要的试剂。本实验以重金属铬为例，选用分析纯的重铬酸钾试剂。

（2）供试土壤：可在校园或农田采集土壤。采集的土壤于室内将其充分混合后添加外源重金属来模拟污染土壤。

（3）微生物培养基：细菌培养基（牛肉膏蛋白胨培养基）的配制、真菌培养基（马丁氏培养基）的配制、放线菌培养基（改良高氏一号培养基）的配制的方法见实验十的相应部分。

（4）仪器设备：高压蒸汽灭菌锅、培养箱、干燥箱、培养皿、试管、超净工作台、电炉、水浴锅、恒温培养箱、恒温摇床、三角瓶、冰箱、移液枪、电子天平、漏斗、接种环、酒精灯等。

五、实验方法与步骤

（一）实验土壤的采集与处理

在校园或农田采集土壤，并将其充分混合。土样经风干、去杂、磨细过 5 mm 筛，每盆装 3.5 kg（风干土）备用。

（二）重金属处理

以溶液形式加入外源重金属。采用等自然对数间距，共设置 6 个浓度梯度，对照组则喷施不加重金属的蒸馏水，每个处理重复 3 次，共 21 盆。将事先配制好的含有不同浓度污染物的溶液均匀喷施于每个样品土壤中。在温室内培养 15 d 后，取土样进行土壤微生物数量的测定。

（三）土壤微生物数量的测定

土壤微生物数量指标包括细菌、放线菌和真菌。分析采用平板稀释法，使用牛肉膏蛋白胨培养基培养细菌，马丁氏培养基培养真菌，改良高氏一号培养基培养放线菌。具体操作步骤如下：

（1）取土样：取待测土壤样品，放入已灭菌的牛皮纸袋内，封好袋口，做好编号记录，备用，或放在 4℃冰箱中暂存。

（2）制备土壤稀释液：称取土样 1.0 g 放入盛 99 mL 无菌水并带有玻璃珠的三角瓶中，置摇床振荡 5 min 使土样均匀分散在稀释液中成为 10^{-2} 土壤悬液。

用 1 mL 的无菌吸头从中吸取 0.5 mL 土壤悬液注入盛有 4.5 mL 无菌水的试管中，吹吸 3 次，振荡混匀即为 10^{-3} 稀释液。依此类推，可制成 10^{-4}～10^{-8} 的各种稀释度的土壤溶液。

（3）接种：细菌从稀释度为 10^{-7}、10^{-6} 的土壤稀释液中各吸取 1.0 mL 对号放入已写好稀释度的平皿中。及时将 15～20 mL 冷却至 46℃的牛肉膏蛋白胨培养基（可放置于 46℃±1℃恒温水浴箱中保温）倾注平皿，并转动平皿，使菌液与培养基充分混合，待琼脂凝固即成细菌平板。每个浓度做 3 个平板。对照平皿不接种。

放线菌：取 10^{-5}、10^{-4} 两管稀释液，在每管中加入 10%酚液 5～6 滴，摇匀，静置片刻。然后分别从两管中吸取 1.0 mL 加入到有相应标号的平皿中，选用高氏一号培养，用与细菌相同的方法倒入平皿中，便可制成放线菌平板。对照平皿不接种。

真菌：取 10^{-3}、10^{-2} 两管稀释液各 0.1 mL，分别接入相应标号的平皿中，选用马丁氏培养基，用与细菌相同的方法倒入平皿中，便可制成真菌平板。对照平皿不接种。

（4）培养：将接种好的平板倒置于 28～30℃温箱中培养。细菌培养 2 d，真菌培养 3 d，放线菌培养 7 d。

（5）菌落计数：可用肉眼观察，必要时用放大镜或菌落计数器，记录稀释倍数和相应的菌落数量。先计算相同稀释度的平均菌落数。若其中一个培养皿有较大片菌苔生长时，则不应使用，而应以无片状菌苔生长的平皿作为该稀释度的平均菌落数。若片状菌苔的大小不到培养皿的一半，而当其余的一半菌落分布又很均匀时，可将此一半的菌落数乘 2 以代表全部平皿的菌落数，然后再计算该稀释度的平均菌落数。

菌落计数以菌落形成单位（colony-forming units，cfu）表示。

（6）结果计算：

$$N_u = \frac{C_0 \cdot t_d}{m \cdot k}$$

式中：N_u ——每克干土的菌数，cfu/g；

   C_0 ——菌落平均数；

   t_d ——稀释倍数；

   m ——土样样品质量，g；

   k ——水分系数，即土壤含水量。

六、数据统计与结果分析

（一）结果计算

将各处理组的土壤微生物中的细菌、放线菌和真菌数的计算结果填写在表 3-18 中，并采用香农指数公式计算微生物多样性指数。其计算公式为：

$$H' = -\sum \left(\frac{n_i}{N}\right) \cdot \left(\ln \frac{n_i}{N}\right)$$

式中：n_i——第 i 个物种的个体数；

   N——群落中所有物种的个体数。

表 3-18 不同浓度重金属处理下土壤中 3 大类群微生物变化情况

处理方式	细菌/（cfu/g）	放线菌/（cfu/g）	真菌/（cfu/g）	多样性指数/H
对照				
浓度 1				
浓度 2				
浓度 3				
浓度 4				
浓度 5				
浓度 6				

（二）结果统计与分析

采用统计分析软件 SPSS、SAS 等进行分析实验数据，应用最小显著差异法（LSD）进行单因素方差分析。并对同一重金属污染处理的不同梯度之间的差异进行 Duncan 多重比较，分析各处理间的差异显著性，找出重金属污染对土壤微生物不同类群的影响规律。

七、注意事项

（1）由于周围环境、空气、用具和操作者体表均有大量微生物存在，故在整个实验过程中，必须严格按照微生物实验的操作规程进行，对有关器皿、培养基以及接种工具进行彻底灭菌，对环境及某些材料也要进行消毒，以防止杂菌污染。

（2）一般土壤中，细菌最多，放线菌及真菌次之，而酵母菌主要见于果园及菜园土壤中，故从土壤中分离细菌时，要取较高的稀释度，否则菌落连成一片不能计数。

（3）在土壤稀释分离操作中，每稀释 10 倍，最好更换一次移液管，使计数准确。

（4）到达规定培养时间，应立即计数。如果不能立即计数，应将平板放置于 0～4℃无菌环境中，但不得超过 24 h。

实验十二　模拟农药污染对土壤动物群落结构的影响

一、实验目的

农业上农药的大量施用，引起了较为严重的土壤残留问题，农药污染给土壤生态环境和食品安全造成了极大威胁。因此，通过本实验，使学生理解农药污染对土壤动物的主要影响规律，并学习利用土壤动物监测土壤农药污染进行土壤质量评价的方法。同时，通过反复训练，使学生掌握常用的土壤动物分离与鉴定方法，并认识一些常见的土壤动物种类。

二、实验原理

农药是一种化学污染物，目前世界上使用的化学农药品种已超过 1 000 种，其中以有机磷农药品种最多。不同农药品种和浓度对生物的影响程度不同，不同生物对不同农药的反应也不同。研究表明，农药的大量施用会导致农田生态系统敏感生物种类的减少，而耐污染的种类相对增多。土壤动物是农田土壤生态系统中的重要组成部分，能较敏感反映土壤污染的程度。本实验主要是通过模拟农药污染，探讨农药污染对土壤动物群落结构的影响，了解土壤动物对农药污染的生态学响应以及农药污染产生的生态学后果。

三、实验内容

（1）农药污染对土壤动物种类组成与数量的影响。本实验主要采用土壤动物的类群数、个体总数和多样性指数等指标来研究不同污染程度下土壤动物种类和数量组成的变化。

（2）农药污染对土壤动物优势类群的影响。由于蜱螨类（Acarina）、弹尾类（Collembola）和线虫类（Nematoda）等广适性土壤动物类群具有较强的耐污染能力，故本部分实验主要在分析不同农药污染程度下一些土壤优势动物类群的优势度变化。

（3）农药污染对土壤动物常见类群和稀有类群的影响。由于后孔寡毛类、等足类、唇足类、倍足类以及昆虫纲中的双尾类、直翅类、啮虫类、同翅类、半翅类、缨翅类、鳞翅类、革翅类等土壤动物类群对农药污染反应特别敏感，在农药污染区尤其是重污染区难以生存和繁衍。因此通过研究这些类群的分布情况可以初步判断该区的污染程度。

四、实验材料与仪器设备

（一）实验材料

（1）供试农药：可以根据当地的农药施用的实际情况购买所需要的农药。
（2）供试土壤：可在校园或农田采集土壤。采集的土壤于室内将其充分混合后备用。

（二）仪器设备

干漏斗、湿漏斗、土壤环刀采集器、塑料袋、显微镜、放大镜等。

五、实验方法与步骤

（一）土壤采集与处理

在校园的树木园或农场采集土壤，并将其充分混合，分别量取 2 kg 作为一个土壤样品。共设置 18 份。

（二）染毒处理

实验农药浓度的配制参照农田施用的常规浓度标准，采用等自然对数间距，共设置 5 个浓度梯度。对照组则喷施不加农药的蒸馏水。将混合均匀的土壤样品各 2 kg 分别放入已备好的培养缸中，每个处理重复 3 次，共 18 个。每个样品各喷施的药液量均参照农田施用常规用量，均匀喷施于土壤中。

（三）土壤动物的提取和分离

染毒后的土壤样品，经 24 h、48 h、72 h 后，用干漏斗法（Tullgren apparatus）和湿漏斗法（Buermann apparatus）分离提取土壤动物。干漏斗法主要用于分离中小型土壤动物，如螨类、跳虫、原尾虫、双尾虫、拟蝎、甲虫以及其他昆虫的幼虫等。湿漏斗法主要用于分离土壤中的湿生动物，如线虫、线蚓和桡足类等。分离收集完成后，则可按照尹文英等著的《中国土壤动物检索图鉴》和青木淳一的"土壤动物概略检索表"进行土壤动物的分类鉴定和计数。

六、数据统计与结果分析

（一）数据统计与计算

将各处理组的土壤动物的类群数、个体总数和经计算得到的系列多样性指数填写在表

3-19 中；将各浓度处理组中土壤动物优势类群的种类和数量填写在表 3-20 中；将在各浓度处理组中土壤动物的常见类群和稀有类群的种类和数量填写在表 3-21 中。

表 3-19　不同浓度农药处理组中土壤动物群落特征的重要指标值

指标	处　理　组					
	对照	浓度 1	浓度 2	浓度 3	浓度 4	浓度 5
类群数						
个体总数/个						
多样性指数/H'						

表 3-20　不同浓度农药处理组土壤中优势类群的种类组成及数量

动物种类	数　量					
	对照	浓度 1	浓度 2	浓度 3	浓度 4	浓度 5

表 3-21　不同浓度农药处理组土壤中常见类群和稀有类群的种类组成及数量

动物种类	数　量					
	对照	浓度 1	浓度 2	浓度 3	浓度 4	浓度 5

（二）结果分析

根据各组实验所得到的数据，分析不同浓度农药处理下土壤动物的类群数、个体总数、多样性指数与农药浓度之间的相关关系，并做出相应的图表，找出农药污染强度对土壤动物种类和数量的影响规律，比较各处理间是否存在显著性差异。

比较对照处理和不同浓度农药处理条件下土壤动物的种类组成及数量分布的变化，分析土壤动物中优势类群、常见类群和稀有类群的变化规律，找出农药污染对土壤动物组成和结构的影响规律。

七、注意事项

由于土壤动物种类与土壤理化性质的关系较为密切，若土壤结构疏松，通气性好，土壤养分含量丰富，则适宜多数土壤动物生活，所以当采集土样时尽量采集适合一些结构良好和肥力较高的土壤，这样可使观察到和反映出的效果更为明显。

实验十三　模拟盐渍化胁迫对植物生长的影响

一、实验目的

盐渍化是沿海地区、低洼地区以及干旱地区普遍存在的一种环境胁迫。本实验的主要目的是让学生认识盐胁迫对植物生长的影响，认识盐胁迫对植物生长发育各阶段的毒害症状，理解植物遭受盐渍化危害的生理生态学效应以及某些特定植物的耐盐和抗盐机制。

二、实验原理

盐胁迫对植物生长发育的各阶段，如种子萌发、幼苗生长、营养生长、开花结实等都有不同程度的影响。盐胁迫可抑制植物组织和器官的生长，提早生殖结构的发生，加速植物的成熟，降低作物体内干物质生产。过高的含盐量，会阻碍植物对氮素的吸收，降低植物体内氨基酸和蛋白质的合成，使植物生长受抑；同时，盐胁迫会影响膜的正常透性，改变一些膜结合酶类的活性，引起光合作用、呼吸作用等一系列的代谢失调，使植物体内积累有毒的代谢产物。植物受盐胁迫后常会出现苗"老而不发"，根系生长受阻，发育迟缓，植株矮化，叶片变小，叶色浓绿，提前开花、早衰甚至死亡等现象。

本实验通过对植物一些典型生长和生理指标的测定，了解盐胁迫对作物生长的毒害作用以及作物对盐分的适应性和抗逆范围。

三、实验内容

通过盆栽方式研究植物在不同浓度盐分（以 NaCl 溶液为例）胁迫条件下株高、根长、鲜重、叶绿素含量、叶面积等指标的变化趋势，探讨盐分胁迫对植物生长的影响以及植物对盐分的适应范围。

四、实验材料与设备器材

（一）实验材料

实验用材料可以为玉米、绿豆、小麦、棉花等种子。具体应该根据当地环境状况和实验条件选择适当的植物种子。本实验选择水稻作为实验材料。植物的培养方式可以是水培、土培或沙培。本实验以沙培的方式来进行实验，沙子需过 2 mm 筛，并在 150℃下消毒 12 h 后方可作为水稻培养的基质。

（二）仪器设备

电子天平、干燥箱、光照培养箱、叶面积测定仪（LI-3000A）、叶绿素含量测定仪（CM-1000）或 SPD 叶绿素仪、刻度尺、培养皿、一次性塑料杯、剪刀、镊子、滤纸等。

（三）试剂

（1）营养液：以 Hoagland 营养液进行植物的培养。

（2）试验处理液：用 Hoagland 营养液（表 3-22）配制不同浓度的 NaCl 溶液来进行盐分胁迫处理，以 Hoagland 营养液作为对照。

表 3-22　Hoagland 营养液配方

成分	试剂	浓度/（g/L）	每升营养液中加入的体积/mL
大量元素	KNO_3	102	5
	$Ca(NO_3)_2 \cdot 4H_2O$	236	5
	$MgSO_4 \cdot 7H_2O$	98	5
	KH_2PO_4	27.2	5
微量元素	H_3BO_3	2.86	1
	$MnCl_2 \cdot 4H_2O$	1.81	1
	$ZnSO_4 \cdot 7H_2O$	0.22	1
	$CuSO_4 \cdot 5H_2O$	0.08	1
	$H_2MoO_4 \cdot H_2O$	0.02	1
Fe-EDTA	量取 1 L 纯水，一部分取其中的大多数水加入 7.45 g EDTA-Na_2 中（不溶），另一部分加入 5.57 g $FeSO_4 \cdot 7H_2O$（溶解）。然后把 EDTA-Na_2 溶液放在电炉上加热至 70℃后溶解，再缓缓加入 $FeSO_4 \cdot 7H_2O$ 溶液，一边倒一边搅，溶液变为棕黄色，放入烘箱 70℃保温 2 h。每 1 L 营养液需加 Fe-EDTA 1.00 mL		

五、实验方法与步骤

（一）植物幼苗的培养

选用饱满的水稻种子用 10%的 H_2O_2 消毒 10 min，蒸馏水浸泡 48 h 后，置于 30℃培养箱中催芽，萌芽后均匀播在装有 350 g 的一次性塑料杯（直径 9 cm，高 6 cm）中，置于光照培养箱中培养。为了方便更换培养液，用两个塑料杯套叠在一起，里面的塑料杯用针扎了几个小孔可以让液体流出。

水稻幼苗的培养条件为：白天 14 h，湿度 80%，温度 28℃；夜间 10 h，湿度 75%，温度 25℃。用 Hoagland 营养液每天浇灌。

（二）盐分胁迫处理

待幼苗长至三叶一心时（培养 20 d 左右），选择生长一致的幼苗来进行盐分胁迫处理。处理质量浓度分别为：400 mg/L、1 000 mg/L、2 000 mg/L、3 000 mg/L、4 000 mg/L NaCl 处理组和对照组，每个处理 4 个重复，共 24 盆。培养液每天更换一次。盐分处理 1 周后进行有关生长指标的测定。实验时可将学生分成 6 组，每组负责测定一个处理的所有指标。

（三）植物生长指标测定

每种处理选择 12 株（每盆 3 株）水稻幼苗进行如下指标的测定：

（1）叶绿素含量测定：叶绿素含量可以采用比色法或纸层析法，也可直接利用叶绿素仪进行测量。当测量时要选取同一生长期的叶片。本实验采用 SPAD-502 叶绿素仪直接测定。叶绿素仪通过测量叶片在两种波长范围内的透光系数来确定叶片当前叶绿素的相对数量。利用透射方法即时测量叶绿素的含量，简单地把测量计夹在叶片组织上，在 2 s 内就可以得到叶绿素含量读数（0～99.9）。

（2）叶面积测定：同时对已测定叶绿素的叶片进行叶面积的测定。测定方法可使用剪纸称重法进行。本实验使用叶面积测定仪进行测量。

（3）株高、根长的测定：直接用直尺进行测定。测根长时，要将整个塑料杯放入水中，浸透后轻轻来回晃动，使根系附近的河沙疏松并慢慢脱落，待整个根系全部暴露后才进行测定。注意操作时不能用力过大，否则容易导致断根。

（4）苗鲜重和根鲜重的测定：上述指标测定完后将植物分成地上部（苗）和地下部（根）两大部分，然后用电子天平称量其鲜重。

六、数据统计与结果分析

（一）数据统计与计算

将实验测得的数据记录在表 3-23 中，并用 Excel 进行平均数和标准差的计算，将结果也记录在该表中。

表 3-23 水稻生长指标测定记录

处理浓度													
实验操作人													
植株编号	1	2	3	4	5	6	7	8	9	10	11	12	均值±标准差
株高/cm													
根长/cm													
苗鲜重/g													
根鲜重/g													
叶面积/cm^2													
叶绿素含量													

（二）结果分析

根据各组实验所得到的数据，分析不同盐分处理下水稻株高、根长、鲜重、叶面积、叶绿素含量与盐分之间的相关关系，并作出统计图形，找出盐分胁迫对水稻生长的影响规律，同时，经统计分析比较各处理间是否存在显著性差异。

主要参考文献

[1] IPCC. Climate change 2001: the scientific basis: summary for policymakers. IPCC WGI Third Assessment Report. Shanghai Draft, 21 January, 2001.

[2] 毕建杰, 刘建栋, 叶宝兴, 等. 干旱胁迫对夏玉米叶片光合及叶绿素荧光的影响[J]. 气象与环境科学, 2008, 31 (1): 10-15.

[3] 陈怀满. 土壤—植物系统中的重金属污染[M]. 北京: 科学出版社, 1996.

[4] 冯江, 高玮, 盛连喜. 动物生态学[M]. 北京: 科学出版社, 2005.

[5] 付必谦. 生态学实验原理与方法[M]. 北京: 科学出版社, 2006.

[6] 韩苗苗, 张仁和, 朱永波, 等. 不同玉米品种对干旱胁迫的响应[J]. 种子, 2008, 27 (10): 49-55.

[7] 胡田田, 康绍忠. 植物淹水胁迫响应的研究进展[J]. 福建农林大学学报 (自然科学版), 2005, 34 (1): 18-24.

[8] 蒋先军, 骆永明. 重金属污染土壤的微生物学评价[J]. 土壤, 2000, 32 (3): 30-134.

[9] 黎时光, 杨友才, 曾强, 等. 淹水胁迫对烤烟不同生育时期生理生化特性的影响[J]. 华北农学报, 2008, 23 (3): 116-119.

[10] 李合生. 植物生理生化实验原理和技术[M]. 北京: 高等教育出版社, 2000.

[11] 李清芳, 马成仓, 季必金. 硅对干旱胁迫下玉米水分代谢的影响[J]. 生态学报, 2009, 29 (8): 4163-4168.

[12] 娄安如, 牛翠娟. 基础生态学实验指导[M]. 北京: 高等教育出版社, 2005.

[13] 骆世明. 农业生态学实验与实习指导[M]. 北京: 中国农业出版社, 2009.

[14] 马放, 任南琪, 杨基先. 污染控制微生物实验[M]. 哈尔滨: 哈尔滨工业大学出版社, 2002.

[15] 倪君蒂, 李振国. 淹水对大豆生长的影响[J]. 大豆科学, 2000, 19 (1): 42-48.

[16] 聂呈荣, 骆世明, 王建武. Bt 玉米光合作用和生长性状的变化[J]. 生态学报, 2006, 26 (6): 1957-1962.

[17] 齐健, 宋凤斌, 韩希英, 等. 干旱胁迫下玉米苗期根系和光合生理特性的研究[J]. 吉林农业大学学报, 2007, 29 (3): 241-246.

[18] 赛道建. 动物学野外实习教程[M]. 北京: 科学出版社, 2005.

[19] 沈振明. 现代微生物生态学[M]. 北京: 科学出版社, 2005.

[20] 孙波, 赵其国, 张桃林, 等. 土壤质量与持续环境III. 土壤质量评价的生物学指标[J]. 土壤, 1997, 29 (5): 225-234.

[21] 王嘉, 王仁卿, 郭卫华. 重金属对土壤微生物影响的研究进展[J]. 山东农业科学, 2006 (1): 101-105.

[22] 杨持. 生态学实验与实习[M]. 北京: 高等教育出版社, 2003.

[23] 杨恩琼, 袁玲, 何腾兵, 等. 干旱胁迫对高油玉米根系生长发育和籽粒产量与品质的影响[J]. 土壤通报, 2009, 40 (1): 85-88.

[24] 尹文英, 等. 中国土壤动物[M]. 北京: 科学出版社, 2000.

[25] 尹文英, 等. 中国土壤动物检索图鉴[M]. 北京: 科学出版社, 1998.

[26] 章家恩. 生态学常用实验研究方法与技术[M]. 北京: 化学工业出版社, 2007.

[27] 中国科学院南京土壤研究所微生物室. 土壤微生物研究法[M]. 北京: 科学出版社, 1985.

[28] 周群英, 高廷耀. 环境工程微生物学. 2 版[M]. 北京: 高等教育出版社, 2000.

第四章 种群生态学实验

种群生态学是研究种群的数量动态、物种间的相互作用及其与环境相互作用关系的生态学分支领域。本章将主要介绍物种之间的相互作用、种群增长及生命表编制、生物的生存对策等方面的实验。

实验十四 种间相互作用关系的实地观察与分析

一、实验目的

通过本实验使学生认识并掌握种间相互作用关系的各种类型及其区别，深刻理解物种间相互关系在不同环境条件下和不同时期的变化规律，加深对调查区生物与环境、生物与生物的相互作用关系的认识，同时，运用所学的生态学知识分析种间关系的内涵及其生态学意义；掌握种间关系分析的统计学方法。

二、实验原理

不同物种种群之间的相互作用所形成的关系，即种间关系（interspecific interaction）是非常复杂的，它可以是间接的，也可以是直接的相互作用，这种影响可能是有害的，也可能是有利的。种间关系的作用类型可以简单地分为三大类。① 中性作用，即种群之间没有相互作用。事实上，生物与生物之间是普遍联系的，没有相互作用是相对的。② 正相互作用，作用的结果是一方得利或双方得利。正相互作用按其作用程度分为原始协作、偏利共生和互利共生三类。③ 负相互作用，作用的结果是至少一方受害包括竞争、捕食、寄生和偏害等。

生物之间相互作用的性质在不同的环境条件和不同的时期是可以变化的。在某些条件或某些时期，它们是互利的；在另一条件或时期，可能是斗争的；在第三种条件下，可能又是无关的。至于植物间的相互作用，更是多种多样，既有各种形式的直接作用，但更多的是通过环境而发生间接作用。

三、实验内容

（一）种间关系的观察、判定

仔细观察自然界的不同群落并找出下列几种间关系，用照相机等工具摄录下来并进行判断和分析。这些作用关系主要包括：①正相互作用：包括原始协作（protocooperation）、偏利共生（commensalism）、互利共生（mutualism）三种。②负相互作用：主要指捕食（predation）、寄生（parasitism）、偏害作用和种间竞争（interspecific competition）。

（二）种间关系的数量统计分析

最常用的分析种间关系的统计学方法是种间关联（interspecific association）。种间关联分析是根据野外调查（或实验）的二元数据，构造种间的 2×2 列关联表（表 4-1），然后基于 2×2 列关联表来分析种间关联情况。

表 4-1　关联系数 2×2 列关联表

种 B	种 A	
	有	无
有	a	b
无	c	d

注：a 表示两个种均出现的样方数，b 和 c 是仅出现一个种的样方数，d 是两个种均不出现的样方数。

种间是否关联常用关联系数来表示。关联系数常用下列公式计算：

$$r = \frac{ad - bc}{\sqrt{(a+b)(c+d)(a+c)(b+d)}}$$

r 数值变化范围是从 −1 到 +1。一般地，$r > 0$ 为正关联；$r = 0$ 为无关联；$r < 0$ 为负关联。然后按统计学的检验法测定所求得关联系数的显著性，常采用 X^2 检验法：

$$X^2 = \frac{n(ad - bc)^2}{\sqrt{(a+b)(c+d)(a+c)(b+d)}}$$

四、实验器材与实验场地

（1）实验器材：相机等摄像工具、记录本、笔等；
（2）实验场地：校园内的树木园、草地或植物园、动物园等。

五、实验方法与步骤

（一）实验方法

本实验通过野外观察来描述自然界的种间关系，再进行相关分析和比较分析得到定性的结论。

（二）实验步骤

1. 观察地点的选择

选择几个不同类型的群落作为本实验的观察对象。可选择自然界中生物类群较丰富的森林，如面积较大的树木园和生物类群较简单的草地来比较观察。也可选择生物种类较齐全的植物园和动物园来进行比较观察。

2. 观察与拍摄

确定实验范围以后，依次按一定规律来进行仔细观察。可按从上到下、从近到远、从动（主要指动物等）到静（主要指植物）等的顺序进行。首先应该观察空中是否有飞行动物，如各种鸟类、蝴蝶等的出现，它们捕食的对象是什么？然后再观察其他类型的动物，如行走动物、昆虫和土壤动物等。接着观察乔木、灌木等较高大的树与其他动植物间的关系，最后观察地被层的情况。

在观察的同时，将各群落中的各种种间关系进行拍照记录，拍照后一定要马上详细记录其周围的情况，以利于后面的分析。尽量将各群落中所体现的所有种间关系的典型代表都记录下来。

3. 结果分析

对所拍照片中的各种间关系进行描述分析，并比较不同类型群落间种间关系的异同。

六、数据统计与结果分析

（1）将观察到的各种生物的种间关系以图片的形式打印出来，在相应图片下面注明物种间相互作用关系的类型，并说明做出此判断的根据。

（2）计算出各调查群落中的种间关联系数。

（3）对各调查群落的种间相互作用关系进行比较分析。

七、注意事项

由于生物之间相互作用的性质在不同的环境条件和不同的时期是可以变化的，故在分析时，一定要结合所观察点周围的环境状况和观察时间以及观察对象所处的生长发育时期来具体分析。

实验十五　动、植物种内竞争和种间竞争实验

生物竞争一般是指两个或多个有机体在所需的环境资源或能量不足的情况下，因争夺某些必需的资源、异性或有限空间而发生的相互关系，是种群生态学及群落生态学的重要内容之一。通过实验了解种内、种间竞争关系的特点及复杂性，有利于学生加深对相关理论知识的理解，认识竞争在生物进化上的意义。

一、动、植物种内竞争实验

（一）实验目的

通过实验，观察和了解动、植物的种内竞争的现象与规律，学习并掌握种内竞争研究的基本方法和思路。

（二）实验原理

种内竞争（Intra-specific competition）是指同种个体之间争夺养分、空间及其他生活要素的行为。种群内的个体之间在过密或过疏的情况下，通过负反馈作用进行自我调节，从而使种群数量围绕着某个平均值而变化。当种群数量过密时，个体对有限资源（如空间、光照、营养物质、繁殖地、异性个体等）的竞争将十分激烈，每个个体的生物潜能的发挥受到严重影响，结果使部分个体死亡或身体变小或繁殖率下降，最终减少种群内个体的数量和质量。种内竞争的强度随种群密度的上升而相应增加，即密度制约（Density—dependent）。例如植物在植株稀疏和环境条件良好的情况下，枝叶茂盛，个体很大；而在相反的环境条件下，不但个体小，枝叶数目也减少。当在密度很高时，有些植株还会死亡，出现自疏现象。自疏降低了植物种群密度，抑制了高密度对植物的不利影响，是一种植物种群密度的自我调节现象。

大量的实践证明，超出一定的播种密度而存留下来的植株数量与最初种子的密度无关，而与它们总的生物量之间有着固定不变的关系。Yoda 等用能量定律将这种关系表达出来，即 $-3/2$ 自疏法则：

$$\bar{w} = kd^{-3/2} \text{ 或 } \lg \bar{w} = (-\frac{3}{2})\lg d + \lg k$$

式中：$\bar{w}$——存留下来的植株的平均干重；

　　　　d——存留下来的密度；

　　　　k——与所研究植物生长特性有关的常数。

若以 d 为横坐标，$\bar{w}$ 为纵坐标作图，其自疏线的斜率为 $-3/2$。在纵轴上的截距为 $\lg k$。

动物种群中种内竞争的直接证据（如格斗）较少，但可以通过许多间接证据，如死亡率的增加、个体质量（如个体大小和重量）的降低、生殖率下降，以及迁出竞争场所等，来判断种内竞争现象的存在。如一些树木蚜虫的夏季成虫往往全为有翅型，其迁移蚜的数量随着密度升高而明显增加，这意味着对食物和空间的竞争。竞争的结果导致有翅蚜产生，这是蚜虫的一种生存对策。当环境资源缺乏时，它们并不"坐以待毙"，而是积极活动，寻找新的生存环境。为逃脱种群毁灭的"厄运"，迁出速度随着密度的提高而增加。通过野外树木蚜虫的飞行活动与种群密度关系的观察，证明种内竞争在自然种群中的客观存在，进一步加深对种内竞争中密度制约效应的理解。

（三）实验内容

（1）进行盆栽实验，观察选定植物的自疏现象并进行分析。

（2）观察野外树木蚜虫的飞行活动及其随种群密度的变化情况。

（四）实验材料与仪器设备

植物种群自疏效应的测定：泥瓦花盆或缸瓦花盆若干个（口径 25 cm）；农田表层土壤和腐熟厩肥；烘箱、天平、纸袋、剪刀、纱布、标签等；西红柿（或黄瓜）种子。

树木蚜虫密度效应的测定：约 20 cm×30 cm 搪瓷盘或铝盘等；鲜黄色油漆；肥皂水（透明）。

（五）实验方法与步骤

1. 盆栽植物自疏效应实验

（1）按时间划分，本实验分为 5 周、10 周和 15 周，共 3 种栽培组合，每组设置 5 个重复。为了防止某些花盆出苗不全，每组可再增加 2 个备用花盆。共需准备花盆 21 个。

（2）将土壤和腐熟厩肥充分拌匀，分别装满 21 个花盆，刮平，并使土面稍低于盆口约 2 cm。冬季放在温室内，夏季则放在室外备用。

（3）在播种的 3 d 前，将花盆浇透水。每天观察花盆中土壤的干湿情况，一般在第 3 天时，土壤干湿适中，即可进行播种。

（4）播种分 3 次进行，每次种 7 盆。第一次是在实验前第 15 周，第二次是在实验前第 10 周，第三次是在实验前第 5 周。每盆均匀播种西红柿种子 200 粒（播种量的多少依种子大小而定）。在每个花盆上贴上标签，注明播种日期及重复编号。

（5）已播种的花盆放在同一环境中，定时定量用喷壶浇水，以防止土壤干燥，影响种子发芽和幼苗生长。

（6）从出苗到剪割之前，记录出苗数，并定时记录株高、叶片数等数据。

（7）当植株长到规定的时间时（分别培养了 15 周、10 周和 5 周），选择其中出苗整齐的 5 盆，记录出苗数目和株高等，然后齐土面剪取植株，用纱布将植株擦干、装入纸袋，并用铅笔在纸袋上注明花盆号、生长时间、存留植株数等。将纸袋放在 105℃ 的烘箱中杀青 0.5 h，然后在 65℃ 条件下烘干 8～12 h，至恒重。

（8）从烘箱中取出纸袋，在天平上称重，然后倒出植株，称空袋重，将数据正确地记录在预先设计好的表格中（表 4-2）。按下式计算出各个花盆中每一植株的平均干重（$\bar{w}$）。

$$\bar{w} = （纸袋和植株重–纸袋重）/该盆存留植株数$$

表 4-2 植物种内竞争实验数据记录

实验植物＿＿＿＿＿＿＿＿＿＿　　　　　　　　花盆面积＿＿＿＿＿＿＿＿＿＿

组合	花盆号	生长时间/周	植株数目	纸袋和植物鲜重/g	空纸袋重/g	植物烘干重/g	每株植物平均干重/g
I	1						
	2						
	3						
	4						
	5						
II	1						
	2						
	3						
	4						
	5						
III	1						
	2						
	3						
	4						
	5						

（9）根据花盆口径，计算花盆的面积，再根据每一花盆中的植株数目求出其存留密度（d）：每盆植株的存留密度（d）＝该盆存留植株数/花盆面积。

2．树木蚜虫的种内竞争实验

（1）3 人为一组进行实验。将盘子内壁涂上黄色油漆，油漆干后加半盘肥皂水，制成蚜虫诱捕器。黄色能吸引飞行的蚜虫，肥皂水可粘住蚜虫。

（2）选有翅蚜的行道树（如柳树、马尾松等）15 株，树间隔至少 20 m，在每棵树的树冠下部一圈，随机摘取 100 张叶片。尽量不要惊动蚜虫。记录每叶蚜虫（各种虫态）总数，计算每树上的平均蚜虫数（头/叶）。记入表 4-3 中。

（3）在每一树冠下摆设 3 只诱捕器，盘子放平后加入适量肥皂水。

（4）24 h 后取回诱捕器，计算捕到的蚜虫数，记入表 4-3 中。

表 4-3　树木蚜虫飞行活动与蚜虫密度关系的调查统计

实验组序号	树木编号	蚜虫密度		诱捕蚜虫数/头			
		头/百叶	头/叶	诱捕器 1	诱捕器 2	诱捕器 3	平均
1	1						
	2						
	3						
2	4						
	5						
	6						
...	...						

（六）数据统计与结果分析

1. 盆栽植物自疏效应实验

以每盆的平均每株干重的对数值 $\lg \bar{w}$ 对其密度的对数值 $\lg d$ 作图，计算 $\lg \bar{w}$ 对 $\lg d$ 的回归系数。在 5% 置信水平，−1.5 斜率的两条 5% 边线值为−1.25 和−1.83。若回归系数在这两条限制线内，则实验结果与−3/2 自疏法则显著吻合。

2. 树木蚜虫的种内竞争实验

汇总全班数据，然后根据每树蚜虫密度从高到低重新排列，同时列出每棵树相应的诱捕数（头/器）。以蚜虫密度（头/叶）为横坐标，诱捕数（头/器）为纵坐标作图，并采用相关的数学方法计算这两个变量间的回归关系。

（七）注意事项

（1）实验植物要密植，但密度要合理。

（2）在树木蚜虫的种内竞争实验中，与树上种类不同的蚜虫不计入内。若捕获量少，捕捉器可在树下多放几天。

二、植物种间竞争实验

（一）实验目的

掌握植物种间竞争研究的实验原理和方法，了解植物种间竞争的特点和规律。

（二）实验原理

种间竞争（Inter-specific competition）是指两物种或更多物种利用同样而有限的资源或空间时的相互作用现象。绿色植物的竞争主要是对光、水、矿质养分和生存空间的竞争。竞争的结果可能有两种情况：

（1）假如两个种是直接竞争者，即在同一空间、相同时间内利用同一资源，那么一个种群增加，另一个种群就减少，直到后者消灭为止；

（2）如果两个种在要求上或者说在空间关系上不相同，那么就有可能是两个种发生生态位的分离和互补，以维持各自种群的平衡。需要说明的是，种内个体间的竞争有时要比不同物种间的竞争更为强烈。

对选定的植物（动物）进行盆栽（室内）实验，是掌握种间竞争研究原理与方法的重要途径。如将两种植物的种子按不同比例播种，统计其出苗率，观察记录不同发育时期各种的个体死亡率，实验结束时测定其茎的平均鲜重、单株结籽率等，经过对比分析，并在坐标纸上绘图，便可得出两个种的种间竞争强度。

（三）实验内容

进行一年生植物（大麦和燕麦）的盆栽实验，观察植物种间竞争的现象并进行分析。

（四）实验材料与仪器设备

泥瓦花盆或缸瓦花盆若干个（口径 25 cm）；土壤、腐熟厩肥；大麦（*Hordeum vulgare*）和燕麦（*Avena sativa*）种子；烘箱、天平、种子袋、铅笔、剪刀、标签、糨糊等。

（五）实验方法与步骤

（1）大麦和燕麦种子按不同比例进行混播（表 4-4），实验共设 6 个处理，每个处理设 3 个重复，共需 18 盆。为避免意外因素造成样本丢失，每个比例增加 1 盆备用，共备 6 盆，总计 24 盆。

表 4-4　盆栽大麦和燕麦种子播种的比率

处理	1	2	3	4	5	6
大麦/%	0	0.2	0.4	0.6	0.8	1.0
燕麦/%	1.0	0.8	0.6	0.4	0.2	0

（2）将土壤和腐熟厩肥充分拌匀，分别装到花盆里，使土面稍低于盆口，一般为 2 cm。放在温室内备用。

（3）在播种前 3 天，用喷壶给盆中土壤浇透水，每天观察盆中土壤的干湿情况，一般当第 3 天时，土壤的干湿适中，即可播种。按既定比例，每盆均匀播种 200 粒种子。播完种后，将每个花盆贴上标签，写明处理、重复编号和播种日期，同时登记在表格上。

（4）根据处理和重复编号，将花盆按照一定的规范排放在温室内（各盆之间保持一定的距离），定期浇水。种子萌发后，统计其发芽率和幼苗成活情况。

（5）植物成熟后，分盆分种收获、脱粒，分别装入种子袋内并计数，计算两种植物的输出比例，将结果记录在实验记录表 4-5 中。

表 4-5 大麦和燕麦竞争实验

播种时间：＿＿＿＿＿＿＿＿＿＿ 收获时间：＿＿＿＿＿＿＿＿＿＿

输入比率/%	收获种子/（粒/盆）			
	重复	大麦	燕麦	输出比率/%
	1			
	2			
	3			.
	1			
...	2			
	3			
	...	...	...	...
	1			
	2			
	3			

（六）数据统计与结果分析

（1）分别计算各处理的输入、输出比率，公式如下：

$$输入比率 = \frac{物种甲播种的种子数}{物种乙播种的种子数}$$

$$输出比率 = \frac{收获时物种甲种子数}{收获时物种乙种子数}$$

（2）将各处理的 3 个重复的输入比率和输出比率进行平均，取其平均值，以种子输入比率为横轴、输出比率为纵轴建立坐标系，在坐标系中绘出理论的输入—输出平衡线、实际的输入—输出比例线，即得"输入—输出图"。如果输出比率总是大于输入比率，表示物种甲取胜。反之，如果输出比率总是小于输入比率，则表示物种乙取胜。如果输入与输出比率通过平衡线，则有稳定的和不稳定的平衡两种情况。

（七）注意事项

可根据具体情况，选择西红柿和黄瓜种子、黑麦草和高羊茅种子等进行盆栽实验。但注意实验设计的种子播种密度要适当。一般而言，资源利用性竞争的强度与资源量成反比关系。在资源一定的前提下，一定限度内实验植株数越多，竞争效应明显越高，因此种子播种密度应适当高于环境承载量。

此外，实验中应对实验植物的培养条件严加控制，尽可能地减小非设计因素的干扰效应，以利于实验结果的可信度。本实验必须严格控制好光照和水分条件的一致。为减少边缘效应的影响，每周倒换一次花盆的位置，各花盆的摆放位置可通过拉丁方设计确定。

实验十六　捕食者与被食者相互关系实验

捕食者和猎物之间的关系问题，长期以来一直是行为生态学研究的重要领域之一，对了解种群动态和害虫生物防治等具有重要意义。捕食者对猎物数量变化的反应可分为两种：①功能反应，即捕食者每个个体所捕食的猎物数量随猎物密度的变化而变化；②数量反应，即捕食者数量随猎物密度的变化而变化。

一、捕食者对被食者的功能反应实验

（一）实验目的

了解 Holling 圆盘实验的基本原理，学习捕食者对被食者（猎物）的功能反应的测定方法，了解被食者密度变化对捕食者捕食效率的影响。

（二）实验原理

Holling（1959）把捕食者对被食者（猎物）密度变化的功能反应划分为 3 种类型（图 4-1）。

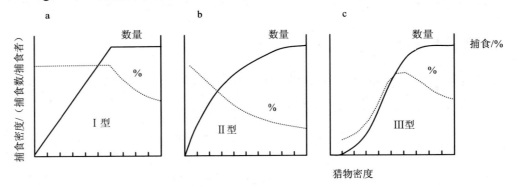

图 4-1　捕食者对被食者（猎物）密度变化的功能反应类型

（1）第 I 型为线性型（图 4-1 a），较为少见。捕食者随机搜寻被食者，并捕食所有遇到的被食者，且搜寻每一个被食者所用的时间为一常数。其特点是随着被食者密度的增加而增加，功能反应曲线呈直线上升，到达上部平坦部分表示捕食者已经饱享。例如，水生滤食性甲壳类取食单细胞藻类可能属于这种类型，被食者随机地分布于水体中，随着其密度的增加，每个滤食性捕食者（Filter-predator）捕获的被食者数目也就按比例增加。

（2）第 II 型为凸型，为无脊椎动物型（图 4-1 b）。被食者密度增加的初期，被捕食的数量上升很快，以后逐渐变慢而到充分饱享不再上升。这种类型可以在捕食者—植物、捕食者—被食者、拟寄生者—寄主相互作用系统中广泛找到。捕食者随机搜寻被食者，但捕食者的食欲是有限的，且搜寻被食者所用的时间（寻觅时间）是与处理猎物的时间成反比的变量。例如螳螂捕食家蝇，螳螂积极地搜寻家蝇，因此，在家蝇密度增加的初期，被捕食的数量上升很快，以后逐渐变慢而到充分饱享不再上升。因逐步饱享导致所谓的"处理时间"（Handling time）发生变化。一个真正捕食者的"处理时间"，包括对被食者的控制时间、取食时间、消化停顿等。在处理猎物时，寻觅活动停止。当被食者密度增加，一个捕食者可能捕获更多的猎物，从而处理时间增加，又影响其寻觅、捕食更多的猎物，即此时寻觅效率降低。

（3）第Ⅲ型为 S 型，为脊椎动物型。被食者稀少时，捕食量很少，随着被食者密度上升，被捕食猎物的数量逐渐增加，然后捕食效率逐渐降低，达到充分饱享，捕食数量不再上升。捕食效率受处理时间和搜索效率的影响，其中处理时间受以下几个因素的影响：① 用于追捕和征服一个被捕食者的时间；② 用于吃掉食物的时间；③ 用于捕食前的休息，清理可完成任务必要功能的时间。搜索效率主要受：① 捕食者能够发动攻击的最大距离；② 攻击的成功率；③ 捕食者和被捕食者的相对移动速度；④ 捕食者的捕食兴趣等因素的影响。也即单位时间内捕食猎物的效率不仅受捕食者食量的限制，还受在猎物种群低密度下捕食者对猎物的敏感程度所影响。

（三）实验内容

以蒙眼人为"捕食者"，砂纸圆盘为"被食者"，模拟捕食者与被食者之间的关系，建立 Holling 圆盘方程。

（四）实验材料与仪器设备

1 m^2 木板桌若干个；直径 4 cm 圆形砂纸盘；蒙眼布；带秒针钟或跑表；图钉、绘图纸、米尺、塑料显影盘、烧杯、纱布和橡皮筋等。

（五）实验方法与步骤

（1）每 2 人一组，1 人蒙住眼睛充当"捕食者"，1 人为观察者记录实验时间。

（2）"捕食者"蒙住眼睛等待，由观察者将不同数量的砂纸圆盘撒布在 1 m^2 的桌子上。密度由观察者任选。

（3）"捕食者"站在桌前用手指点触桌面，碰到砂纸圆盘时就将圆盘移去，放在一边，算作"捕食"了一个"猎物"。每次实验为 1 min，记录捕食数量。注意在各次实验中，要求不同的"捕食者"的"捕食"方法要一致，戒用手掌触圆盘。

（4）变换不同的砂纸圆盘密度，重复步骤（2）～（3）。圆盘的密度分别为每平方米放置 4、9、16、25、36、49、64、81、100、121、144、169、196 个。每组实验重复 3 次以上，记录相关实验结果。

（六）数据统计与结果分析

（1）根据砂纸圆盘实验结果，绘制"捕食"数目与圆盘密度之间的关系（图 4-2）。

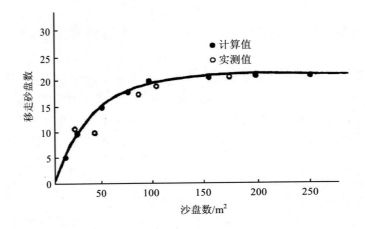

图 4-2 "捕食"数目与圆盘密度的关系

（2）根据用本人、小组或班级的砂纸圆盘实验记录（表 4-6），计算 Holling 圆盘方程。

表 4-6 猎物密度与捕食者捕获能力关系的实验记录

纸盘密度 x/（个/m²）	移去的纸盘数 y/个	每个纸盘被移走的可能性 y/x	实验时间 T_t/min	参数 a	参数 b
4					
9					
16					
……					
回归方程					

在实验室里，以蒙眼人为"捕食者"，砂纸圆盘为"被食者"，模拟捕食者与被食者之间的关系，其最简单的关系表达式为：

$$y = aT_s x$$

式中：y——移去的圆盘数；

x——圆盘密度；

T_s——可供寻觅的时间；

a——瞬时发现率，为一常数。

设 T_t 为总实验时间，假如每次实验的时间（T_t）是固定的，T_s 应随找到的砂纸圆盘数而变化，因为移去砂纸圆盘所消耗的时间减少了搜索时间。若设移去 1 个砂纸圆盘所花费的时间为 b，则：

$$T_s = T_t - by$$

$$y = a（T_t - by）x$$

经整理得：

$$y = \frac{T_t ax}{1+abx}$$

上式即为著名的"Holling 圆盘方程"。

对该方程变形如下：

$$\frac{1}{y} = \frac{1+abx}{T_t ax}$$

$$\frac{1}{y} = \frac{1}{aT_t} \times \frac{1}{x} + \frac{b}{T_t}$$

令 $A = \dfrac{b}{T_t}$，$B = \dfrac{1}{aT_t}$，$X = \dfrac{1}{x}$，$Y = \dfrac{1}{y}$。

则上式可变化为：$Y = A + BX$。其中 A、B 则可利用回归方程计算得出：

$$A = \frac{\sum Y}{N} - \frac{B\sum X}{N} \qquad B = \frac{\sum(XY) - \dfrac{(\sum X)(\sum Y)}{N}}{\sum X^2 - \dfrac{(\sum X)^2}{N}}$$

根据计算得到的 A、B 值，可以进一步计算出 a 和 b。

对实验中的常数 a，可以这样理解：一次点触发现砂纸圆盘的概率必定与总砂纸圆盘面积相对木板面积的比例等值。如果 r 为砂纸圆盘的半径，s 为木板面积，x 为砂纸圆盘的密度，则每次点触发现圆盘的概率 p 将是：

$$p = \frac{\pi r^2 sx}{s} = \pi r^2 x$$

故点触时间 T_s 内取走的砂纸圆盘数必定是 p、T_s 和点触频次 k 的乘积：

$$y = pkT_s$$

由以上两式可得：

$$y = \pi r^2 xkT_s$$

二、捕食者对被食者的数量反应实验

（一）实验目的

了解捕食者对被食者密度数量反应的基本原理，掌握相应的测定和研究方法。

（二）实验原理

若捕食者与被食者共同生活在一个有限的空间内，那么被食者种群的增长速率和数量随之下降，而捕食者的增长速率将有所上升，其上升速度在一定范围内取决于被食者密度。这种由被食者密度的变化而引起捕食者密度的数量改变，称为捕食者对被食者密度变化的数量反应。数量反应主要是由于被食者作为食物消耗而影响到捕食者种群的发育速率、存活率以及成体的繁殖能力。每个捕食者种都有一个特征性的对被食者密度改变的数量反应。

一般地，数量反应可表现为 3 种形式：第一种为正密度反应，即捕食者密度随被食者密度的增加而增加；第二种为无密度反应，即捕食者密度不受被食者密度增加的影响，这常常是因为捕食者种群当被食者密度低时，转而去捕食其他的被食者种群，因而似乎不存在自身的数量反应；第三种是负密度反应，捕食者当被食者密度增加时，可能通过与其他捕食者的竞争而降低。本实验将通过实地调查对捕食者种群数量随被食者密度不同而变化的情况进行研究。

（三）实验内容

多点调查捕食者和被食者的数量，测定不同捕食者密度下被食者种群的数量。

（四）实验材料与仪器设备

实验设备：手持放大镜、实验记录表格。

实验场地：晚春至夏初或秋季，选择有蚜虫的植物（植物叶子上有蚜虫取食并有一些瓢虫的捕食活动正在进行，即有瓢虫卵、幼虫、蛹或成虫）样地进行观测。样地可以是树木园（如杨柳、泡桐等林木）、果园（如香蕉、柑橘、苹果等）、菜地（如四季豆、甘蓝、大豆等）或粮田、花园等。

（五）实验方法与步骤

以某一树木园样地为例，选择 10 棵以上的树木，树间间隔越大越好，每棵树上随机摘取 100～200 张叶片，记录每片叶上蚜量以及瓢虫卵、卵块、幼虫、蛹及成虫的数量（瓢虫卵呈橙黄色，细长梭形、成批生产，一端粘连在叶上，可用手持放大镜计数卵块中的卵量。幼虫呈蓝灰色、具成对的斑纹，后端部有一黏性圆盘，使幼虫能够吸附在叶片上。蛹呈卵形、暗色、具成对斑纹，腹部末端固定在叶片上），将观测数据列入表 4-7 中。

表 4-7　瓢虫－蚜虫的数量反应调查记录

样点号	瓢虫数				蚜虫数（x_i）
	卵（y_E）	幼虫（y_L）	蛹（y_P）	成虫（y_A）	合计（Y）
1					
2					
3					
...					
10					

（六）数据统计与结果分析

（1）统计各树每片叶上蚜虫的平均数和瓢虫的平均数（各虫态各自的平均数和瓢虫各虫态总和平均数）。以蚜虫平均数（$\bar{X}$）为横坐标，瓢虫平均数（$\bar{Y}$）为纵坐标作图。如

果 $\bar{Y}$ 对 $\bar{X}$ 的相关图呈曲线，可先将数据转换为对数值，再作图。

（2）利用最小二乘法建立瓢虫各虫态（y_E、y_L、y_P、y_A）及总数平均数（Y）与蚜虫平均数（X）的回归方程如下：

$$y_E = a_1 + b_1 X$$
$$y_L = a_2 + b_2 X$$
$$y_P = a_3 + b_3 X$$
$$y_A = a_4 + b_4 X$$
$$Y = A + BX$$

根据表 4-7 中的数据计算相关的回归系数和参数：

$$b = \frac{\sum_{i=1}^{n}(x_i - \bar{x})(y_i - \bar{y})}{\sum_{i=1}^{n} x_i^2 - n\bar{x}^2}, \quad a = \bar{y} - b\bar{x}$$

（3）对建立的回归方程进行显著性检验的相关分析。根据相关系数等统计参数判断瓢虫量与蚜虫数量之间的相关性程度；同时，根据回归系数等判断瓢虫对蚜虫密度的数量反应是密度制约（即捕食者数量对被食者数量的比率显然随着被食者密度而增加），还是逆（负）密度制约，或是无密度效应。

实验十七　植物化感作用的验证实验

一、实验目的

让学生学习怎样通过实验方法来验证植物化感作用的存在；认识某些植物的化感作用对其他生物的影响，并从中了解从化学分子水平研究生物之间化学相互作用的客观性。

二、实验原理

德国科学家 Molisch（1937）首先提出了化感作用（allelopathy）概念，意指植物（包括微生物）之间的生物化学相互作用。Rice（1984）将化感作用定义为：植物通过向周围环境中释放化学物质（allelochemicals）影响邻近植物生长发育的现象。植物释放化感作用物质的途径主要有挥发、根分泌、雨水淋溶和残体分解等，对周围植物的影响主要包括促进和抑制两种作用。植物化感作用广泛存在于自然植物群落和农业植物群落中，对自然和农业生态系统产生多方面的显著影响。在农业生产中，间作、混作、套作、轮作、前后茬搭配、残茬处置或利用，作物和杂草之间、病原菌与寄主作物之间都存在化感作用问题。在农田里，很多杂草通过其根系分泌物和地上器官分泌物对其周围的作物产生抑制作用。因此，自然界生物之间的化感作用是普遍存在的，特别是对一些有害的外来入侵生物。

三、实验内容

（1）查阅资料、请教相关专家并实地考察，了解本地具有化感作用的植物有哪些？它们释放化感作用物质的主要途径是什么？

（2）学习植物化感作用的测定方法，本实验通过浸提法测定植物水淋溶物对受体植物种子萌发和幼苗生长的影响。

四、实验材料与仪器设备、器材、实验场地

（一）供体植物

南方地区可以选择三裂叶蟛蜞菊（*Wedelia trilobata*）、胜红蓟（*Ageratum conyzoides*）、加拿大一枝黄花（*Solidago canadensis*）；北方地区可以选豚草（*Ambrosia artemisiifolia*）、油蒿（*Artemisia ordosica*）等。

（二）受体植物

选择在自然界可能与供体植物发生相互作用的植物作为受体植物。如常见的植物可以选择生菜、油菜、黄瓜、稗草、马唐、小麦等。

（三）仪器设备

人工气候箱、干燥器、电子天平、电炉、培养皿、烧杯、量筒、直尺、滤纸、漏斗等。

五、实验方法与步骤

（一）供体和受体植物的选择

分组查阅资料、请教专家，获知本地具有化感作用的植物种类以及它们释放化感作用物质的主要途径。

选择本地具有明显化感作用的植物作为供体植物（本实验以胜红蓟为例），选择在自然界可能与供体植物发生相互作用的植物作为受体植物（本实验以生菜为例）。

（二）植物水淋溶物的获取

采集野外生长健康的胜红蓟的新鲜叶子，按植物：水为 1∶5 的比例加蒸馏水在 20～25℃条件下浸泡 24 h，并滴 1～2 滴甲醇以防止微生物生长。而后用滤纸过滤，得到胜红蓟的淋溶液，在 4℃下冷藏备用。

（三）供体植物水淋溶液对受体植物种子萌发的影响

选择均匀饱满的生菜种子用 10%次氯酸钠溶液浸泡 20～30 min，无菌水冲洗 3 次。取 5 mL 备用的胜红蓟的淋溶液，加入到铺有 2 层滤纸的培养皿中，以不加淋溶液（加蒸馏水代替）作为对照。将供试受体植物生菜种子播种在滤纸上，每皿 100 粒。每个处理设置 3 个以上重复，在温度 24～26℃，光照 2 000lx 条件下的人工气候箱中培养，每天补充散失的水分，每天调查其发芽种子数，7 d 后计算发芽率和发芽指数。

（四）供体植物水淋溶液对受体植物幼苗生长的影响

选择均匀饱满且大小一致的生菜种子，用蒸馏水处理至胚根突破种皮，将破壳后的种子均匀摆放在已放有 2 层滤纸的 50 mL 小烧杯中，每个烧杯放 15 粒种子，加入 5 mL 淋溶液后用保鲜膜盖住烧杯口，以防水分挥发。对照用蒸馏水处理。每个处理设置 3 个以上重复，在上述条件的人工气候箱中培养。第 10 天取出受体植物幼苗，量其根长、苗高，称其鲜重，而后将苗烘干称其干重。

六、数据统计与结果分析

通常采用化感作用效应指数作为衡量指标：

$$RI=1-C/T$$

式中：T——处理值；

C——对照值；

RI——化感效应。

RI 大于 0 表示存在促进作用；RI 小于 0 表示存在抑制作用，RI 的绝对值代表作用强度的大小。

七、注意事项

（1）各种环境条件如温度、湿度、光照、pH 等都会影响植物种子的萌发和幼苗的生长，故一定要保证实验处理和对照所处条件的一致性。

（2）在种子萌发试验时，一定要用大量种子进行重复实验，并做统计学分析。

实验十八　微生物间拮抗作用实验

一、实验目的

本实验的目的是让学生掌握微生物间拮抗作用的测定方法，了解微生物之间存在的拮抗现象及抗生素的抗菌作用，进一步加深对微生物之间互作现象的认识。

二、实验原理

微生物间的拮抗作用是指一种微生物的生命活动或其代谢产物，抑制或干扰另一种微生物的生长发育甚至杀死另一种微生物的现象。拮抗作用常存在专一性或特异性。微生物的拮抗关系已经被广泛应用于医用和农用抗生素的筛选、食品保藏、医疗保健、动植物病害的防治等方面。

微生物间拮抗作用可以在固体培养条件下和液体培养条件下测定。在固体培养条件下常用的测定方法为平板画线法、平板琼脂移块法等；而液体培养条件下常用的测定方法为管碟法。

三、实验内容

（一）平板画线法测定微生物间的拮抗作用

以产黄青霉（*Penicillium chrysogenum*）作为实验菌株，研究其次生代谢产物青霉素的抑菌谱，加深对不同细菌细胞壁结构和组成差异及特性的理解。产黄青霉在豆芽汁葡萄糖培养基平板上生长到一定时期，会产生和积累青霉素，在培养基平板中形成青霉素的浓度梯度。青霉素的存在，会抑制接种在该平板上细菌的生长（拮抗）。

青霉素是通过抑制细菌细胞壁的合成而抑制细菌的生长；具有不同细胞壁结构和组成的细菌对青霉素的敏感性不同；可表现不同的生长状态，形成长短不一的菌苔，从而可了解青霉素的抑菌谱。

（二）平板琼脂移块法测定微生物间的拮抗作用

本实验以吸水链霉菌（*Streptomyces hygroscopicus* var. *jinggangensis* Yen）为实验菌株，研究其次生代谢产物——井冈霉素的抑菌效应。井冈霉素产生菌在相应的培养基中生长到一定时期，会通过复杂的代谢途径合成其次生代谢产物——井冈霉素。在长有井冈霉素产生菌的平板上以无菌操作垂直挖取含菌的琼脂块放入含病原菌的平板上，井冈霉素的存在，会抑制接种在该平板上病原菌的生长。

井冈霉素是内吸作用很强的农用抗生素，当水稻纹枯病菌的菌丝接触到井冈霉素后，能很快被菌体细胞吸收并在菌体内传导，干扰和抑制菌体细胞正常生长发育，从而起到治疗作用。井冈霉素也可以用于防治小麦纹枯病、稻曲病和蔬菜根腐病等。

（三）管碟法测定微生物间的拮抗作用

本实验也以吸水链霉菌为实验菌株，观察其次生代谢产物对水稻纹枯病菌的抑制效果。此法是根据抗生素在琼脂培养基上能够进行扩散渗透，并且经过一定时间后渗透到一定范围，从而抑制这个范围实验菌的生长，使培养基产生透明的抑菌圈。而抑菌圈直径的大小可以反映试验菌的抑菌活性的强弱。一般认为，抑菌圈直径在 6～10 mm 为有抗菌活性；10 mm 为轻度抗菌活性；11～15 mm 为中度抗菌活性；16～20 mm 为高度抗菌活性。

四、实验材料与设备器材

（一）实验菌种

（1）拮抗菌：产黄青霉、吸水链霉菌。
（2）病原菌：金黄色葡萄球菌（*Staphylococcus aureus*），G^+ 细菌；大肠杆菌（*Escherichia coli*），G^- 细菌；枯草芽孢杆菌（*Bacillus subtilis*），G^+细菌；水稻纹枯病菌等。

（二）培养基

1. 斜面保藏培养基

可溶性淀粉 10 g、$(NH_4)_2SO_4$ 2 g、$CaCO_3$ 2 g、胰蛋白胨 2 g、NaCl 1 g、K_2HPO_4 1 g、

$MgSO_4 \cdot 7H_2O$ 2 g、琼脂 20 g，定容于 1 000 mL 水中，pH 自然。

2．豆芽汁葡萄糖培养基

称新鲜黄豆芽 10 g，置于烧杯中，再加入 100 mL 水，小火煮沸 30 min，用纱布过滤，补足失水，即制成 10%豆芽汁。按每 100 mL 10%豆芽汁加入 5 g 葡萄糖，煮沸后加入 2 g 琼脂，继续加热融化，补足失水。分装、加塞、包扎。在 100 Pa 下高压蒸汽灭菌 20 min。

3．马铃薯葡萄糖培养基

20%马铃薯浸出液的制备：取去皮马铃薯 200 g，切成小块，加水 1 000 mL。80℃浸泡 1 h，用纱布过滤，然后补足失水至所需体积。在 100 Pa 下高压蒸汽灭菌 20 min。即成 20%马铃薯浸出液，贮存备用。

配制时，按每 100 mL 马铃薯浸出液加入 2 g 葡萄糖（或蔗糖），加热煮沸后加入 2 g 琼脂，继续加热融化并补足失水。分装、加塞、包扎后在 100 Pa 下高压蒸汽灭菌 20 min。

4．葡萄糖天冬素琼脂培养基

葡萄糖 10 g、K_2HPO_4 0.5 g、天冬素 0.5 g、琼脂 18 g、水 1 000 mL，pH7.2～7.4。

（三）实验设备及器材

高压蒸汽灭菌锅、培养箱、干燥箱、培养皿、试管、超净工作台、电炉、水浴锅、恒温培养箱、恒温摇床、三角瓶、冰箱、移液枪、电子天平、漏斗等。

五、实验方法与步骤

（一）微生物的接种与培养

在斜面保藏培养基上接种后，37℃培养 3～4 d，4℃冰箱保存备用。

（二）在固体培养条件下用平板画线法测定拮抗作用

（1）培养基的制备：按上述配方配制豆芽汁葡萄糖培养基；

（2）平板制备：以无菌操作技术，将已熔化并适当冷却的培养基倒入培养皿的底部，每皿约 15 mL，轻摇匀，静置冷却，凝固后备用；

（3）用无菌接种环取少量产黄青霉的孢子，在豆芽汁平板的一边轻画一条线，将产黄青霉接到平板上；

（4）接种后的平板，倒置于 28～30℃培养箱中培养 3 d；

（5）3 d 后，在已长好的产黄青霉菌苔的垂直方向，分开一定的间隔，分别接种金黄色葡萄球菌、大肠杆菌和枯草芽孢杆菌三种细菌，并做好标记，平板倒置于 37℃培养箱中培养 24 h；

（6）24 h 后，观察、分析、记录实验结果。

（三）在固体培养条件下用平板琼脂移块法测定拮抗作用

（1）将低温保存的井冈霉素产生菌在斜面保藏培养基上接种后，37℃培养 3～4 d，向斜面保藏培养基中加 5 mL 无菌水，在涡旋振荡器上振荡 5 min，使孢子均匀浮于无菌水中，倒在已经灭菌的葡萄糖天冬素琼脂培养基的培养皿中，倒放于 37℃培养箱中培养 4 d，即为带菌的培养基。

（2）将马铃薯葡萄糖培养基熔化，放冷至 60℃，加入病原菌菌悬液，充分摇匀，倒平板置水平台上冷却，制成含菌平板。

（3）取已灭菌的打孔器，在长有井冈霉素产生菌的平板上，以无菌操作垂直挖取含菌的琼脂块，用灭菌的镊子将其移入含病原菌的平板上。

（4）将培养皿正放，于 30℃恒温箱中培养 3 d。

（5）3 d 后观察琼脂菌块周围抑菌圈的大小，采用十字交叉法记录菌落直径，并计算平均值。

（四）在液体培养条件下用管碟法测定拮抗作用

（1）将马铃薯葡萄糖培养基熔化，放冷至 60℃，加入病原菌（如水稻纹枯病菌）菌悬液，充分摇匀，倒平板置水平台上冷却，制成含菌平板。

（2）在每个培养皿平板上放 4 个牛津杯（内径 0.6 cm，外径 0.78 cm，高 1.0 cm 的不锈钢杯）。

（3）用移液枪向每个牛津杯加入发酵原液 0.2 mL，以蒸馏水为对照。

（4）将培养皿正放，于 30℃温箱中培养 3 d。

（5）3 d 后观察牛津杯周围抑菌圈的大小，采用十字交叉法记录菌落直径，并计算平均值。

六、数据统计与结果分析

（1）当记录培养 3 d 时，产黄青霉菌苔的特征；观察记录接种金黄色葡萄球菌、大肠杆菌和枯草芽孢杆菌三种细菌并培养 24 h 后各细菌菌苔的生长情况；分析判断在供试的三种细菌中，哪一种细菌对青霉素敏感，并解释其原因。

（2）观察培养 3 d 后菌块周围抑菌圈的大小，采用十字交叉法记录菌落直径，计算平均值，并判断不同抗生素的抗菌活性。

七、注意事项

（1）实验中应着工作衣帽，如沾有可传染的材料，应脱下浸于消毒药水中（如 5%苯酚等）过夜或高压消毒后再进行洗涤。

（2）沾有微生物的器皿及废弃物，应置于指定地点，先消毒再进行洗涤。

（3）接种环、接种针用前用后必须于火焰中烧灼过。

（4）含有培养物的试管不可平放在桌面上，以防止液体流出。

（5）实验室中禁止饮食、吸烟及用嘴湿润铅笔及标签等物，勿以手指或他物与面部接触。

（6）实验室中若发生意外，如吸入细菌、划破皮肤、细菌污染桌面或地面等时，应立即处理，必要时就医。病原微生物污染的地点，应敷以消毒药（5%苯酚等）覆盖过夜。

（7）菌种不得带出实验室，若要索取，应严格按规章办理。

（8）工作完毕后应先用消毒药水消毒，后用清水洗手。

实验十九　K-对策与 r-对策生物的成活与繁殖实验

一、实验目的

本实验的主要目的是让学生掌握 K-对策生物与 r-对策生物各自的特征及其异同；并通过实验观察在不同环境条件下 r-对策生物的种群增长动态；学习通过培养实验种群来获取种群增长参数和建立种群增长模型的方法。

二、实验原理

在长期进化过程中，每种生物都形成特定的生存对策，如 K-对策、r-对策。r-对策生物一般个体小、寿命短、存活率低，但增殖率高，具有较强的扩散能力，适应于多变的栖息环境，如昆虫、细菌、杂草及一年生草本植物。K-对策生物个体大、寿命长、存活率高，适应于稳定的栖息环境，不具有扩散能力，但竞争能力较强，种群密度较稳定，如乔木、大型肉食动物。这种相关联的生存生态特性，组成了不同的种群动态类型，形成了不同的适应机制。

K 和 r 两类对策在进化过程中各有其优缺点。K-对策的种群数量较稳定，一般保持在 K 值附近，但不超过它，所以导致生境退化的可能性较小；具亲代关怀行为、个体大和竞争能力强等特征，保证它们在生存竞争中取得胜利。但一旦受到危害而种群下降，由于其低 r 值而恢复困难。大熊猫、虎、豹等生物就属此类，在物种保护中尤应注意。相反，r-对策者虽然由于防御力弱、无亲代关怀等原因而死亡率甚高，但高 r 值能使种群迅速恢复和增长。高扩散能力又可使它们迅速离开恶化的环境，在别的地方建立起新的种群。r-对策者的高死亡率、高运动性和连续性地面临新局面，可能使其成为物种形成的丰富源泉。

三、实验内容

（一）K-对策生物的繁殖与成活观察

可以让学生通过查阅年鉴中人口的动态变化情况来了解 K-对策生物的特点。

（二）r-对策生物的繁殖与成活观察

本实验以隆线溞为例，来进行 r-对策生物的繁殖与成活观察。溞类是甲壳纲枝角目动物的总称。隆线溞（*Daphnia carinata*）是分布较广、易在实验室培养的一种大型溞类。隆线溞体侧扁，长为 1.5～3.8 mm，全身包以透明甲壳。成体头部不具其他种类有的头盔。身体透明，易于观察，能行孤雌和两性生殖，个体发育迅速，发育阶段明显，因此隆线溞是动物学实验课教学和实验动物学研究的备选材料。

（三）种群增长模型的拟合

通过观察记录种群不同时间的数量，绘制种群增长曲线，拟合种群的增长模型。

四、实验材料与设备器材

（一）实验材料

以隆线溞作为本实验的材料，喂养隆线溞的食物为斜生栅藻，该藻是绿藻门绿球藻目栅藻科的一属，通常由 4～8 个细胞，有时由 16～32 个细胞组成的定型群体，极少为单细胞。细胞组成栅状排列的定型群体，以长轴排成 1～2 列或多列。细胞壁薄、光滑，或有颗粒、细齿、隆起线和刺等特殊构造。光合作用色素主要为叶绿素 a、叶绿素 b、叶黄素和类胡萝卜素，因此，活的栅藻呈草绿色。以列性似亲孢子的形式进行繁殖。似亲孢子释放前，先在母孢子壁内排列成与母定形群体形态相似的子群体。栅藻是一种适应性很强的藻类，能在 5～40℃ 的水温条件下生长繁殖，最适水温 25～32℃。

隆线溞的适应范围较广，培养种类多为淡水种类，但经过驯化，能在 20‰ 以下的盐度条件中生长繁殖。在本实验中，选用斜生栅藻作为隆线溞的食物。

（二）仪器和用具

体视显微镜、量筒、培养杯、移液管、滴管、玻璃棒、记号笔、标签等。

五、实验方法与步骤

（一）实验材料的获取和饲养

用斜生栅藻作为水溞的食物。每 2 天更换培养水（自来水曝气 3 d）一次，定时投喂新鲜斜生栅藻浓缩液。

（二）隆线溞的存活和繁殖情况观察

在喂食足够、环境条件恒定的情况下，每天定时观察记录隆线溞的繁殖和存活情况，待种群数量达到平衡状态后方停止实验。

（三）绘制种群增长曲线

以时间为横坐标，种群数量为纵坐标，绘制种群增长曲线。

（四）种群增长曲线拟合和优化

按《普通生态学》教材中介绍的方法建立适合的种群增长模型，并结合全班各组实验结果，计算种群增长模型中的各参数值。

六、数据统计与结果分析

（1）报告详细实验过程，讨论实验中观察到的现象和遇到的问题。

（2）根据实验结果，绘制种群增长曲线，建立适合的种群增长模型，计算种群增长模型中的各参数值。

七、注意事项

（1）由于隆线溞对污染物以及其他环境条件的变化相当敏感，故在培养观察时，一定要选择清洁干净的培养场所，并保持温度的相对恒定。

（2）培养水一定要经过曝气处理方可使用。

（3）喂养食物一定要适量，不能太多也不能太少。

（4）隆线溞计数以及换培养液时一定不能使其离开水面，可用滴管带着一定的水量从一个培养杯移入另一个已装好培养液的培养杯中。

实验二十　生命表的编制实验

一、实验目的

本实验的主要目的是让学生掌握生命表分析的基本原理和过程，学习培养实验种群来获取种群参数和编制生命表，并利用生命表来分析实验种群的存活动态、生命期望和增长率的方法；区分动态生命表和静态生命表的异同及其在生态学研究中的作用；利用生命表中的数据，描述存活曲线图，说明不同年龄的生存个体随年龄的死亡率和生存率的变化情况。

二、实验原理

生命表（life table）是最清楚、最直接地展示种群死亡和存活过程的一览表，它是生态学家研究种群动态的有力工具。它可以体现各年龄或各年龄组的实际死亡数、死亡率、存活数目和群内个体未来预期余年（即平均期望年龄）。

生命表的类型很多，通常包括动态生命表和静态生命表两种类型。静态生态表（Static life table）是根据某一特定时间对种群作一个年龄结构调查，并根据调查结果而编制的生命表，常用于有世代重叠，且生命周期较长的生物；动态生命表（dynamic life table）就是跟踪观察同一时间出生的生物的死亡或动态过程而获得的数据所做的生命表，可用于世代不重叠的生物，它在记录种群各年龄或各发育阶段死亡数量、死亡原因和生殖力的同时，还可以查明和记录死亡原因，从而可以分析种群发展的薄弱环节，找出造成种群数量下降的关键因素，并根据死亡和出生的数据估计下一世代种群消长的趋势。

将某世代个体数的动态特征以图解的形式直观地表现出来便成了图解生命表，它适用于生活史简单的种群。昆虫生命表与其他动物生命表相比，适用形式有所不同，其主要组建目的是为了进行关键因子分析。由此可见，在实际工作中，需要根据研究对象和组建目的来确定需要编制的生命表类型。

三、实验内容

（1）调查或利用已有的数据资料，编制静态生命表。如利用调查某地区人口的年龄结构编制生命表。原始数据（表4-8）。

表 4-8　某地区人口统计数据及生命

x	n_x 男性（人数）	d_x	q_x	L_x	T_x	e_x	n_x 女性（人数）	d_x	q_x	L_x	T_x	e_x
0	100 000						100 000					
1	97 708						97 937					
5	96 100						96 246					
10	95 662						95 930					
15	95 331						95 683					
20	94 722						95 227					
25	93 764						94 621					
30	92 694						93 981					
35	91 519						93 102					
40	89 958						92 002					
45	87 773						90 416					
50	84 584						88 423					
55	80 138						85 445					
60	73 346						81 107					
65	63 313						73 993					
70	50 048						63 810					
75	34 943						49 850					
80	20 165						33 492					
85	8 566						17 708					

（2）利用田间系统调查并记录某地晚甘蓝第三代菜蛾种群的动态年龄数据编制的生命表，见表 4-9。

表 4-9　某地甘蓝第三代菜蛾种群的动态生命

x	N_x	d_xF	$100 q_x$	L_x	T_x
卵（N_1）	1 154	不育			
第 1 期幼虫（1～4 龄中期）	1 140	降雨			
第 2 期幼虫（4 龄中期至结茧）	604	寄生蜂（*Microplitis plutellae*），降雨			
预蛹	387	寄生蜂（*Diadegma insularis*）			
蛹	189	寄生蜂（*Diadromus plutellae*）			
蛾	136	性（40.1%♀♀）			
雌蛾×2（N_3）	109	光周期			
"正常雌蛾"×2	56.6	成虫死亡			
世代总计					

（3）利用前一实验（实验十九）观测得到的数据编制动态生命表。

四、实验材料与设备器材

（一）实验材料

以隆线溞作为本实验的材料，喂养隆线溞的食物为斜生栅藻。

（二）仪器和用具

显微镜、量筒、培养杯、移液管、滴管、玻璃棒、记号笔、标签等。

五、实验方法与步骤

（一）生命表的编制方法

1. 调查生物的特点，确定选用的生命表类型

对于世代重叠、寿命较长和年龄结构较为稳定的生物，一般都采用特定时间生命表（即静态生命表），而对于具有离散世代、寿命较短和数量波动较大的生物，一般都采用特定年龄生命表（即动态生命表）。

2. 不同的研究对象可采用年、月、日、小时

人通常采用 5 年为一年龄组；鹿科动物等以 1 年为一年龄组；鼠类以 1 个月为一年龄组；昆虫则常以不同的发育阶段（如卵、幼虫和蛹等）和龄期（如一龄幼虫、二龄幼虫等）为一年龄组。

3. 实验与田间调查相结合获取数据

（1）死亡年龄数据的调查：收集野外自然死亡动物的残留头骨，可根据角确定死亡年龄；也可以根据牙齿切片，观察生长环确定年龄；牙齿的磨损程度是确定草食性动物年龄的常用方法；根据鱼类鳞片的年轮，推算鱼类的年龄和生长速度；根据鸟类羽毛的特征、头盖的骨化情况确定年龄等。死亡年龄数据可以制定静态生命表。

（2）直接观察存活动物数据：观察同一时期出生，同一大群动物的存活情况，调查的数据可以制定动态生命表。

（3）直接观察种群年龄数据：根据数据确定种群中每一年龄期有多少个体存活，假定种群的年龄组成在调查期间不变，如直接用人口普查数据编制生命表，属于静态生命表。

4. 按年龄阶段将实际观察值或实际调查数据（n_z）记入表中

为便于计算，许多生命表习惯用 10 的倍数个体为基础计算。

5. 计算生命表其他各栏数据并填入表格

生命表有若干栏，每栏以符号代表，这些符号在生态学中已成为习惯用法，如 x 为按年龄的分段；n_x 为在 x 期开始时的存活数目；d_x 为从 x 到 $x+1$ 的死亡数目，$d_x = n_x - n_{x+1}$；$d_x F$ 为 x 期间死亡因子；q_x 为从 x 到 $x+1$ 的死亡率，$q_x = d_x/n_x$；L_x 为从 x 到 $x+1$ 期的平均存活率，$L_x =（n_x + n_{x+1}）/2$；T_x 为超过 x 年龄的总个体数，$T_x = L_x + L_{x+1} + \cdots + L$ 最大；e_x 为 x 期开始时的平均生命期望，$e_x = T_x/n_x$。

（二）生命表分析方法

1. 存活曲线（survival curve）

利用生命表中 n_x 一栏的数据，可以绘制种群存活数量的动态变化曲线，即存活曲线。存活曲线的绘制方法有两种：一种是以存活数量的对数值（即 $\lg n_x$）为纵坐标，以年龄为横坐标作图；另一种方法也是用存活数量的对数值相对于年龄作图，但年龄使用平均生命期望的百分离差表示。由于生命表和存活曲线并不是某一标准种群所特有的，而是用来描述在不同环境条件下，处于不同时刻、不同地点的种群性质的，因此，存活曲线可以用来进行种内或种间的比较研究。

泊尔（Pearl，1928）和迪维（Deevey，1947）根据比较的结果，将存活曲线划分为 3 种基本类型（图 4-3）。

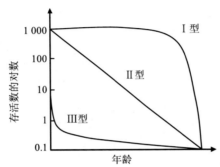

图 4-3　存活曲线的类型（Deevey，1947；Krebs，1985）

Ⅰ型：凸形曲线，表示幼体存活率高，在接近生理寿命的前期只有少数个体死亡，而在生活史后期有较高的死亡率。人类和许多大型哺乳动物的存活曲线十分接近这一类型。

Ⅱ型：对角线形，表示在整个生活期中，各年龄阶段死亡率相等。自然界中的许多鸟类和小型哺乳动物比较接近这种类型。

Ⅲ型：凹形曲线，表示幼体死亡率很高，只有极少数个体能够活到生理寿命。并且如果死亡率太高，可能出现没有个体能够活到老的现象。大多数鱼类、两栖类、海洋无脊椎动物和寄生虫的存活曲线属于这种类型。

以上 3 种存活曲线是一些最典型的情况，大多数生物的存活曲线都是介于两种类型之间的。存活曲线类型反映了在长期自然进化过程中种群所发展起来的对不同环境的适应对策，而且这种对策在一定范围内可能会随性别、种群密度和环境条件的不同而变化。在实际应用中，存活曲线的形状揭示出特定种群生活史中易遭伤亡的时期，因此有助于制定濒危生物的保护对策或有害生物的管理对策。

因此，根据存活曲线的几种类型，可以对编制的生命表做相关的分析。

2. 昆虫生命表中的关键因子分析

昆虫生命表与一般生命表相比有 3 个方面的不同点：

（1）年龄（x）的分期采用卵、幼虫龄期、成虫等发育阶段来代替一般意义上的时间；

（2）把各发育阶段的死亡原因（d_x）分为因不同死亡因素而造成的分值；

（3）在生命表中把性比和产卵率的变化换算成死亡率（表 4-10）。

表 4-10 舞毒蛾种群的生命表

x（龄期）	nx（存活数）	dx（死亡原因）		Dx（死亡数）	qx（死亡率）
卵	550.0	被寄生		82.5	15
		其　他		82.5	15
		总　计		165.0	30
1～3 龄幼虫	385.0	散布等		142.4	37
4～6 龄幼虫	242.5	鹿鼠捕食		48.5	20
		寄生、疾病		12.1	5
		其　他		167.3	69
		总　计		227.9	94
前蛹期	14.6	被捕食等		2.9	20
蛹期	11.7	被捕食		9.8	84
		其　他		0.5	4
		总　计		10.3	88
成虫（♂+♀）	1.4	性比（30∶70）		1.0	70
成虫（♀）	0.4	—		—	—
整个世代	—	—		549.5	99.93

关键因子分析是昆虫生命表研究的最重要的内容。通过统计昆虫各个发育阶段的数量和观察记录其影响因素如气候条件、捕食、寄生和疾病等，可估计出各种致死因素所造成的死亡率，分析影响昆虫生存的关键因子。分析关键因子的方法主要有下列两种。

（1）K 值图解法：将生命表中 n_x 取对数，并按下面公式计算出 k_i 和 K 值：

$$k_i = \lg(n_{x_i} / n_{x_{i-1}})$$

$$K = \sum k_i = k_1 + k_2 + \cdots + k_i$$

式中：　k_i ——前后两个阶段存活数对数之差；

K ——整个世代的所有各阶段 k_i 值之和。

以年份为横坐标，以 k_i 和 K 值为纵坐标作图。通过目测比较，哪一条 k_i 值曲线与 K 值的曲线最相似，即该阶段死亡因子为关键因子。

（2）数值分析法：当几条 k_i 值曲线形状相似时，目测很难确定关键因子，数量分析法即可解决这一问题。同样地，按上面公式计算出多年积累的 k_i 和 K 值，将 k_i 值放在 y 轴，K 值放在 x 轴，即以 k_i 为因变量，K 为自变量，分别求出各 K 值对应点 k_i 的回归系数 b，b 最大的 k_i 为关键因子，其他死亡因子对种群密度变化的相对重要性可由 b 值的大小来确定。各回归系数之和应趋近于 1。

（三）培养实验种群获取种群参数并编制生命表的一般步骤

（1）建立同龄群：实验中要保证能得到大量的当天出生的幼溞作为一个同龄群。

（2）跟踪观察与记录：可将若干组作为 1 个同龄群，置于同样环境条件下培养。每天定时观察，记录个体的存活、发育、生殖等情况，直至亲溞全部死亡。

（3）利用实验数据编制生命表，并进行分析。

六、数据统计与结果分析

（1）计算并完成以上 3 种生命表的编制。

（2）绘制纵轴为存活数（用 lg10 为单位），横轴为年龄的存活曲线，并进行相关分析。

七、注意事项

（1）自然种群生命表数据的获得，一般来自野外调查取样，所以需要事先查明研究对象的空间分布格局，才能设计出合理的取样方法、取样单位和样本数量。

（2）在实施调查或开展实验时，一定要认真观察，详细记载各项数据，尽可能减少遗漏和混淆。

主要参考文献

[1]　[美]雷坦（S. D. Wratten），弗赖伊（G. L. A. Fry）. 生态学野外及实验室实验手册[M]. 北京：科学出版社，1996.

[2]　范秀容，李广武，沈萍. 微生物学实验，2 版[M]. 北京：科学出版社，1993.

[3]　付必谦. 生态学实验原理与方法[M]. 北京：科学出版社，2008.

[4]　付荣恕，刘林德. 生态学实验教程[M]. 北京：科学出版社，2004.

[5]　耿济国，张建新，张孝羲. 昆虫生态及预测预报实验指导[M]. 北京：中国农业出版社，1991.

[6]　骆世明. 农业生态学实验与实习指导[M]. 北京：中国农业出版社，2009.

[7]　骆世明. 普通生态学[M]. 北京：中国农业出版社，2005.

[8]　内蒙古大学生物系. 植物生态学实验[M]. 北京：高等教育出版社，1986.

[9]　史新柏. 隆线溞及其培养[J]. 生物学通报，2000，35（4）：14-17.

[10]　吴千红，邵则信，苏德明. 昆虫生态学实验[M]. 上海：复旦大学出版社，1991.

[11]　杨持. 生态学实验与实习[M]. 北京：高等教育出版社，2003.

[12]　曾任森. 化感作用研究中的生物测定方法综述[J]. 应用生态学报，1999，10（1）：123-126.

[13]　张明凤，赵云龙，杨志彪，等. 隆线溞孤雌溞生殖系统的组织学[J]. 动物学，2004，39（4）：68-72.

[14]　周凤霞. 生态学[M]. 北京：化学工业出版社，2005.

第五章 群落生态学实验

群落生态学是研究群落的结构与功能、群落演替动态、群落的物种多样性特征、生产力与稳定性等规律的生态学分支领域。本章将主要介绍植物群落结构调查、群落的生物量和生产力的测定、群落演替等方面的实验方法。

实验二十一 植物群落结构特征的调查与观测

一、实验目的

通过本实验使学生掌握植物群落空间结构调查的基本方法以及群落结构特征指标的观测与计算方法，以加深学生对群落空间结构特征的理解。

二、实验原理

在生物群落中，由于生态位的分化，各个种群占据了不同的位置和节点，使群落具有一定的空间结构。群落的空间结构主要包括垂直结构和水平结构。群落的垂直结构是指群落在垂直方面的配置状态，其最显著的特征是成层现象，即在垂直方向上出现分层的现象。群落的成层性包括地上成层和地下成层。层的分化主要决定于植物的生活型，生活型不同，植物在空中占据的高度以及在土壤中到达的深度就不同。群落的水平结构指群落的水平配置状况或水平格局，其主要表现特征是镶嵌性。镶嵌性即植物种类在水平方向上的不均匀配置，使群落在外形上表现为斑块相间的现象，具有这种特征的群落叫做镶嵌群落。群落镶嵌性形成的原因，主要是群落内部环境因子的不均匀性，例如，小地形和微地形的变化、土壤温度和盐渍化程度的差异、光照的强弱以及人与动物的影响。

三、实验内容

（1）学习植物群落的样地法采样和无样地采样的基本调查方法。
（2）掌握植物群落结构特征指标的计算与分析。

四、实验材料与仪器设备

样方框、测绳（或皮卷尺）、钢卷尺、标杆、罗盘仪、海拔仪或 GPS、测高器、望远镜、照相机、植物标本夹、剪刀、铁锹、铲刀、计算器、铅笔、橡皮、方格绘图纸、记录表格、标签等。

五、实验方法与步骤

（一）样地法采样的基本方法与步骤

1．样地选择

选择样地应遵循下列原则：①物种的分布要有均匀性；②结构完整，层次分明；③环境条件（尤其是地形和土壤等方面）要求一致；④宜选择群落的中心部位，而避免在过渡地段设置样地，除非研究群落的边缘效应或其他特定的研究目的等。

2．样地形状

样地的形状，一般为方形，或称为样方（Quadrat）。但由于受边缘效应的影响，故有时也使用圆（Circle）以减少这种误差，特别当调查草本群落时，样圆是较为适宜的。但就相对面积而言，矩形样地，通常称为样带（Belt）或样条（Transect），优于等径状的样地。在有些情况下，有时也采用线状样条或称为线条接触法，或样线取样（Line sampling），这种方法是把那些顺着线出现的物种加以观测记载。

3．样地面积

样地大小的确定应以抽样植物的大小和密度为基础。下面是一些可供野外调查时参考的样地面积的经验值，即草本植物的样地大小为 $1 \sim 10 \ m^2$，灌木或高度超过 3 m 的小树群落为 $16 \sim 100 \ m^2$，单纯针叶林 $100 \ m^2$，复层针叶林、夏绿阔叶林 $400 \sim 500 \ m^2$，亚热带常绿阔叶林 $1\ 000 \ m^2$，热带雨林为 $2\ 500 \ m^2$。或利用最小面积的方法确定样地的大小。

4．样地数目

样地数目的多少取决于群落结构的复杂程度。根据统计检验理论，多于 30 个样地的数值，才比较可靠。但为了节省人力与时间，考察时每类群落根据实际情况可选择 $3 \sim 5$ 个样地。所有样地应依照顺序进行编号，以免混乱。

5．样地布局

样地布局通常包括以下几种方法，可根据调查的目的和群落的实际情况加以选用。

（1）代表性样地：样地是主观设置的，设置在被认为有代表性的地段上和某些特殊研究目的的地点上。在某些情况下，从实际出发，这种样地设置方法往往成为唯一可供选择的方法。

（2）随机取样：随机确定样地的方法很多，通常可在两条互相垂直的轴上，根据成对的随机数字来确定样地的位置；或者通过罗盘在任一方向上，以随机步程法来确定样地的地点。然后，换一个方向，再重复进行。随机数字可通过抽签、游戏纸牌或使用随机数字表获得。

（3）规则取样：梅花形取样、对角线取样、方格法取样等都属于规则取样（系统取样）方法，在群落调查中，就是使样地以相等的间隔占满整个群落；或者在群落内设置几条等距离的样带，然后把样地以相等的间距安排在这些样带上。

（4）限定随机取样：以规则取样的方法，把整个群落分成几个较小的区域，然后在每个较小的区域内随机布置样地。这种方法也称为部分随机取样法。

6．调查记录

调查记录的内容、项目随实验研究目的不同而不同。一般包括植物群落的生态环境调查记录表、乔木调查表、灌木调查表、草本植物调查表、层间植物调查表等（表 5-1～表 5-5）。

表 5-1　植物群落的野外样地调查

记录者：_____ 调查日期：_____ 样地编号：_____ 样地面积：_____

群落类型：_____ 群落名称：_____

地理位置：____省____市（县）____村（镇）；经纬度：_____

地形地貌：_____ 坡向：_____ 坡度：_____ 海拔高度/相对高度（m）：_____

土壤类型：_____ 岩石类型：_____ 地下水位：_____

群落中动物活动情况：_____

周边土地利用与环境状况：_____

所在地的社会经济发展类型（简单描述）：_____

分层及各层特点	层名称	高度范围	优势种名称	层盖度	生活力	备注
地被物情况						
群落外貌特点						
群落动态						
人为影响方式和程度						
此群落还分布在何处						

表 5-2　乔木层野外样方调查

群落名称：_____ 样地面积：_____ 野外编号：____ 记录者：_____
层次名称：_____ 层高度：_____ 层盖度：____ 调查时间：_____

编号	植物名称	高度/m	胸径/cm	盖度/%	物候期	生活力	板根、支柱根、呼吸根	附生、藤本、寄生	备注

表 5-3　灌木层野外样方调查

群落名称：_____ 样地面积：_____ 野外编号：____ 记录者：_____
层次名称：_____ 层高度：_____ 层盖度：____ 调查时间：_____

编号	植物名称	高度/m		冠径/m		丛径/m		株丛数	盖度/%	物候期	生活力	备注
		一般	最大	一般	最大	一般	最大					

表 5-4　草本层野外样方调查

群落名称：				样地面积：			野外编号：		记录者：		
层次名称：				层 高 度：			层 盖 度：		调查时间：		
编号	植物名称	花序高/cm		叶层高/cm		冠径/cm		株丛数	盖度/%	物候期	生活力	生活型	备注
		一般	最大	一般	最大	一般	最大					

表 5-5　层间植物野外样方调查

群落名称：				样地面积：			野外编号：		记录者：			
层次名称：				层 高 度：			层 盖 度：		调查时间：			
植物名称	类　型			数量	物候期	生活力	直径或体积	被附着植物		分布情况		备注
	藤本	附生	寄生					名称	生活型	位置	方向	

（二）无样地采样的基本方法与步骤

无样地取样技术是 20 世纪中叶迅速发展并广泛应用的取样技术。无样地取样技术是不用划取样方进行调查，而是在被调查的地段内确定一系列的中心点（或随机点），以便测定从中心点到每个象限内最近个体及其距离。无样地取样法主要包括最近个体法、近邻法、随机成对法以及中心点四分法（图 5-1）。由于中心点四分法技术比较容易应用和更有效，下面主要介绍中心点四分法取样技术的使用方法与步骤。

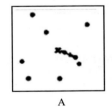 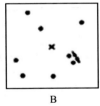 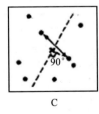 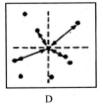

A　　　　　　B　　　　　　C　　　　　　D

图 5-1　无样地取样法

A. 最近个体法；B. 近邻法；C. 随机成对法；D. 中心点四分法

1. 中心点的确定

中心点可以在通过植物群落内的一系列线上来确定，也可用限定随机法，即样线可以随机确定，而点则是在样线上每隔一定距离来确定，距离的大小应使两个点不致测到同一株植物。森林群落可以每隔 25 m 或 30 m 取一个点，或视实际情况而定。中心点的数目不能低于该代表所调查群落特征的最少点数。最少点数的确定类似于样地采样法中最小面积的获取方法。

2．划分象限

中心点确定后，把围绕中心点周围的面积分为 4 个象限，这可用罗盘来确定。或以一条通过中心点而垂直于样线的直线，与样线本身把周围平面分为 4 等份。调查之前，可以确定一个主观的准则，以某一方位为第一象限，顺时针依次为第 2、3、4 象限。这种规定纯粹是为了记录的方便。

3．确定调查对象和调查记录

在每个象限中找到离中心随机点最近的个体，记载其植物名称、点—树间距离、胸径、盖度、物候期、生活力等。每个象限内只测一株，每个样点（中心点）共测 4 株，并记载在表 5-6 中。

表 5-6　植物群落无样地取样的调查记录

群落名称：＿＿＿＿＿＿＿＿　样地面积：＿＿＿＿＿＿＿　野外编号：＿＿＿＿＿　记录者：＿＿＿＿＿＿＿＿

层次名称：＿＿＿＿＿＿＿＿　层 高 度：＿＿＿＿＿＿＿　层 盖 度：＿＿＿＿　调查时间：＿＿＿＿＿＿＿＿

样点序号	象限	植物名称	点—树间距离/m	高度/m	胸径/cm	盖度/%	物候期	生活力	备注
1	I								
	II								
	III								
	IV								
2	I								
	II								
	III								
	IV								
3	I								
	II								
	III								
	IV								
……	I								
	II								
	III								
	IV								

六、数据统计与结果分析

根据野外样地调查数据，进行统计分析，并分别按照群落结构特征指数的相关公式，进行计算，在此基础上对各个群落的基本结构特征（物种的组成与分布、多样性指数、生活型特征等）进行对比分析。

（一）相对多度

$$相对多度（\%）=\frac{某一植物的个体总数}{同一生活型植物个体总数}\times100$$

（二）密度和相对密度

$$密度 = \frac{某种植物个体总数}{样地面积}$$

$$相对密度（\%）= \frac{某个种的密度}{所有种的密度总和} \times 100$$

（三）频度和相对频度

$$频度（\%）= \frac{某种植物出现的样地数}{所调查的样地总数} \times 100$$

$$相对频度（\%）= \frac{某个种的频度}{所有种的频度总和} \times 100$$

（四）相对显著度

$$相对显著度（\%）= \frac{某种所有个体胸面积之和}{所有种个体胸面积总和} \times 100$$

（五）重要值

重要值是评价某一种植物在植物群落中作用的综合性数量指标，重要值的计算公式为：重要值 = 相对多度（或相对密度）+ 相对显著度 + 相对频度。

（六）物种多样性分析

1. 香农-维纳（Shannon-Wiener）多样性指数

$$H = -\sum (P_i \times \lg P_i)$$

式中：H——香农-维纳多样性指数；

P_i——抽样个体属于某一物种的概率。

2. Simpson 多样性指数

$$SP = N(N-1) / \sum_{i=1}^{n} n_i (n_i - 1) \quad (i \text{ 从 } 1, 2, 3, \cdots, \text{到 } s)$$

式中：SP——Simpson 多样性指数；

N——群落全部个体总数；

n_i——第 i 各种的个体数；

s ——物种数。

3. 基于 Simpson 多样性指数的群落均匀度指数

当 $n_i/N = 1/s$ 时，有最大的物种多样性，则可得最大多样性指数：

$$SP_{\max} = s(N-1) / (N-s)$$

物种均匀度的计算公式为：

$$E = SP/SP_{\max}$$

式中：SP——Simpson 多样性指数；

　　　SP_{max}——最大的 Simpson 多样性指数。

4．群落的 Sorenson 相似性系数

$$C_s = \frac{2j}{(a+b)}$$

式中：C_s——Sorenson 指数；

　　　j——两个群落或样地共有物种数；

　　　a——样地 A 的物种数；

　　　b——样地 B 的物种数。

（七）生活型分析

$$某一生活型的百分率（\%）=\frac{某生活型的植物种数}{该群落所有的植物种数}\times100$$

七、注意事项

（1）在进行植物群落结构调查前，必须对调查区的基本情况进行相关资料的收集，包括地理位置、地形地貌、地带性植被类型、水文状况、人为干扰情况、周边的社会经济情况等，对这些情况进行全面了解。同时做好详细的野外调查计划与相关准备。

（2）对于植物群落的常规取样，其样地不应当选在地形地貌或土壤环境变化较大的地段，尤其不宜设置在群落交错区上，除非是研究群落交错区或其他目的。而决定在什么地方取样、怎样取样和取什么样，对群落进行初步观察或路线踏查是十分必要的。

（3）在野外样地选取时，要求有代表性。对样地的大小、形状、排列方式等的选取，要根据植物群落的类型、范围、地形地貌、环境梯度等的变化和相应的调查技术规范，因地制宜地进行。

实验二十二　植物群落的生物量和生产力的测定

一、实验目的

通过本实验使学生熟悉和掌握植物群落的生物量和生产力的基本测定方法，进一步理解生物量和生产力的概念，搞清二者之间的联系和区别。同时，加深理解生物量和第一性生产力大小对群落的稳定性与生物多样性保持等的重要意义。

二、实验原理

生物量（biomass）是指某一时刻单位面积内实存生活的有机物质总量，可分鲜重和干重，通常用 kg/m^2 或 t/hm^2 表示。植物的生产力，即第一性生产力，亦称初级生产力，是绿色植物在单位面积和单位时间内通过光合作用所固定的能量或生产的有机物质数量。以 g/（m^2·a）或 cal/（m^2·a）表示。生物量与生产力是不同的概念。某一特定时刻的生物

量是一种现存量（standing crop），生产力则是某一时间内由活的生物体新生产出的有机物质总量。t 时刻的生物量到 $t-1$ 时刻生物量的增加量（Δ生物量），必须加上该时间中的损失减少量（如枯枝落叶量、动物捕食量等）才等于生产力，即生产力=Δ生物量+减少量。因此，生物量的测定是生产力测定的基础。

植物的生物量和生产力是生物群落结构优劣和功能高低的最直接的表现，是生物（特别是动物、微生物）的生长发育、生物群落演替和生态环境改善的物质基础，对生态系统稳定性、对次级生产力的形成、生物多样性的维持与生态平衡都具有极其重要的意义。植物的生物量和生产力的大小直接反映了植物对光、温、水、土等自然资源的利用效率，与其所处的地理位置，以及群落组成与结构也密切相关。

三、实验内容

内容包括：①草本植物的生物量与生产力的测定；②灌木植物的生物量与生产力的测定；③乔木植物的生物量与生产力的测定；④不同群落的总生物量与生产力的比较分析。

需要说明的是，植物群落中各种群的生物量较难测定，特别是地下器官的挖掘和分离工作非常艰巨。出于经济利用和科研目的的需要，常对林木和牧草的地上部分生物量进行调查统计，据此可以判断样地内各种群生物量在总生物量中所占的比例。另外，对于乔木的地上部生物量测定也十分困难，且对植物的破坏性较大，时间长，因此，如果没有特别的需要，在实验教学中，可只选择草本植物和灌木的生物量和生产力的测定，让学生了解相关的观测方法即可。

四、实验材料与仪器设备

镰刀、枝剪、锯、斧、铁锹、土铲、测杆、皮尺、钢卷尺、胸围尺、三角板或直尺、软毛刷、细筛、细纱布、放大镜、测高器、测微尺、体重秤、天平、电子台秤、样品袋、塑料盘、塑料布、鼓风干燥箱、滤纸、标签、各种记录表等。

五、实验方法与步骤

（一）草本植物的生物量和生产力的测定

1. 草本植物生物量（现存量）的测定方法

现存量是当期的生物量，由地上生物量（绿色量、立枯量、凋落物量）和地下生物量构成。

（1）绿色量与立枯量的测定：测定生物量前，首先要确定测定样方的大小，应以群落最小面积为准，一般以 1 m^2 为一个测定样方。同时要设置若干个重复样方。然后需对所要测的各个样方，按逐个植物种进行数量特征的记载；然后用剪刀将样方内的植物齐地面剪下。为减少室内分种的工作量，最好在野外分种取样，而且边剪边记株数，最后记录每一种的密度；将剪下的样品，按种分别装入塑料袋中，然后按样方集中并进行编号，带回实验室处理；样品带回室内后，迅速剔除前几年的枯草，将绿色部分和已枯部分分开，分别称其鲜重后，再放入大小适宜的纸袋中，置于鼓风干燥箱内 80℃烘干至恒重，则可得到各样方中各个种的活物质与立枯物的烘干重（g/m^2），并将所得到的干重和鲜重数据填入

表 5-7 中；如果样品量较多而鼓风干燥箱的容量有限时，应将纸袋中的鲜样按样方集中放入细纱布口袋中，挂于通风处晾干，待后再烘干。

（2）凋落物的收集与测定：具体测定步骤为，在第一次测定地上生物量的剪草样方中，用手将第一期（以前）的凋落物捡起。在以后各期的样方内，仅收集前一期至本期时间段内脱落的凋落物。为此，必须在第一期测定时将第二期测定的样方中的凋落物全部清除，为防止新旧凋落物的混杂，以减少工作的难度。新旧凋落物的鉴定方法可以通过残落物的颜色来判断，这往往需要凭经验加以判断；将收集到的凋落物按样方分别装入塑料袋内，编上样方号，带回实验室内处理；在实验室内，将凋落物用软毛刷清除黏附着的细土粒和污物。如刷不净，可用流水快速冲洗，并及时用滤纸吸干。然后置于鼓风干燥箱内烘干称重，即得当期凋落物的重量，最后将取得的数据记入表 5-7 中。通常凋落物只计其总量即可。

表 5-7　草本群落地上生物量记录

样地号：_____　样地面积：_____　调查日期：_____　调查人：_____　植物群落名称：_____

群落总盖度：_____　生殖高度：_____　叶层高：_____　凋落物总量（干重）：_____

编号	植物名	层	平均高/cm		盖度	密度	多度	物候期	鲜　重			干　重		
			生殖枝	营养枝					绿色	立枯	合计	绿色	立枯	合计

（3）地下生物量的测定：地下生物量是指单位面积土体内根系的重量，地下生物量的测定时间应与地上生物量同步进行。此外，在每年植物尚未萌生前（3—4 月）以及植物完全枯死亡后（约 11 月份）各测一次，以便了解植物群落及根系养分转移与消耗以及失重情况。测定的样方以 0.25 m²（50 cm×50 cm）为宜，重复 5 次。取样深度以根系分布的深度为准，但不能小于 50 cm。

具体操作步骤为：①取样。在曾剪过草调查地上部的样方内挖土坑，选出 50 cm×50 cm 的土体进行取样。取样前，先将土壤表面的残落物和杂质清除干净，然后按 0～10 cm、10～20 cm、20～30 cm 等层次取样，由于 0～5 cm 层内包括大多数植物的根基和茎基部分，生物量较大，必要时应单独取样。取好的样品，按层分装在尼龙纱袋或布口袋中，并编上样方号和土层号，带回室内处理。②根系的冲洗。冲洗根系前，先用细筛将微细土粒筛去一部分，并捡去石块和杂物，再用水冲洗之。反复冲洗过筛，最后以流水冲洗漂净。如果冲洗后的根系上还有细土粒附着，则应将根裹在细纱布内，一边轻揉一边冲洗，直到冲净为止。这步工作需快速完成，以防止根系在水中浸泡时间过长，而致根系组织中的养分流失。③活根与死根的挑选与分离。首先将洗好的根系中的半腐解枝叶、种子和虫卵等杂物去掉，再将活根与死根分开，区分活根与死根的主要依据是根表面和根断面颜色，需要肉眼并借助放大镜进行。如果分不清楚，可将洗好的根放在适宜的器皿中，加水轻搅动，浮在上面的是死根，活根比重大会沉在水下面。挑选好活根和死根，用吸水纸吸取水分，稍晾片刻，即称鲜重。然后放入小纸袋内，烘干后再称干重，填入表 5-8 中，最后换算成 1 m² 内含有的根量（g/m^2）。

表 5-8　草本群落地下生物量的记录

样地号：＿＿＿　取土面积：＿＿＿　调查日期：＿＿＿　群落名称：＿＿＿　调查人：＿＿＿

样方号	1				2	3	4	5	平均值			
	根量/g											
土层/cm	鲜重		烘干						鲜重		烘干	
	活	死	活	死					活	死	活	死
0～10												
10～20												
20～30												
30～40												
40～50												
…												
全剖面												

2．草本植物的生产力的测定

采用收获法测定草本植物的生产力。每期草地的绿色量、立枯量和凋落量相加即得当期的地上生物量。将各期的生物量按时间排列起来，即构成草本植物生物量的季节动态。根据生物量的动态数据即可用"增重积累法"对地上净生产量进行估算。采用每期生物量的"正增长值"相累加即可。当群落各期生物量的增长量皆成正值时，由该方法所估算出的地上净生产量与群落最高峰时的生物量相同，所以通常也可用"最大现存量法"来估算群落的净生产量；如果群落高峰期前某期生长量有负值出现，则一定要用"增重积累法"，否则所得数值有误。通过每期地下生物量的测定，可以得到不同层次中根量的季节变化。根据每一层根量的"最大值"和"最小值"之和，即是地下部分当年的生长量，也即是它的年净生产量（g/m^2）。将每次测定的地下生物量和地上生物量，便可得总的生物量 B（g/m^2）。

年净生产量的估算方法是将全年各次测定的正增长生物量相累加，便得到了整个群落的年净生产量（NP）：

$$NP=\sum_{i=1}^{n}(B_{i+1}-B_i)$$

式中：NP——群落的年净生产量，$g/(m^2 \cdot a)$；

　　　B_{i+1}——年内第 i+1 次测定的生物量，g/m^2；

　　　B_i——年内第 i 次测定的生物量，g/m^2；

　　　n——年内测定次数。

计算结果要给出平均值、标准差和样本数。

（二）灌木植物的生物量与生产力的测定方法

1．灌木生物量的测定

通常灌木种类较多，且密度较大，因而可采用直接收获样方内全部灌木的方法。

操作步骤为：建立与测定灌木群落的代表性样地，设置 2 m×2 m 的样方，测定灌木群落的生物量。需在群落外貌均匀一致的立地上，建立 5 个可比性的样方；统计灌木种类组成，其地面分别收获样方中各种灌木的枝叶，并分主枝、侧枝、叶等分别称鲜重，挖出所有样方内的地下部分，并同时称重；取适量的主枝、侧枝、叶和根的样品，置于80℃下烘干至恒重，分别求出各部分的"干/鲜重"比值，再计算出根、主枝、侧枝和叶的干重。各种灌木的四部分之和即为该样方灌木的生物量（g/m²）；重复做 5 个样方，求其平均值，即代表该类灌木的生物量。

2．灌木生产力的测定

测定方法和步骤与上述的草本植物群落第一性生产力的测定方法与步骤一致。

（三）乔木生物量和生产力的测定方法

1．乔木生物量的测定

这里采用平均标准木法，即在所选择的样方内，根据立木的径级或高度分布选择并砍伐一定数量的平均木，测定平均木各部分器官的干物质重，用单位面积上的立木株数乘以平均木的总干重或各部分器官的干重，然后对各部分求和，便可得单位面积上该林木此刻的生物量。此法较适合于立木大小一致、分布均匀的同龄人工林，而对异龄林生物量估计的效果要差一些。具体步骤如下：

（1）标准地的设立。测定森林生物量时，标准地的设立极为重要，首先要设立在能代表当地森林类型，而且林相相同、地形变化尽可能一致的地段。标准地通常是正方形或长方形，其一边长度至少要比该森林最高树木的树高长一些。一般情况下可取 20 m×20 m 或 30 m×30 m 的面积，并必须用测绳圈好。标准样地设立后要做以下记录，包括森林的层次结构、郁闭度、各树种密度、林下植物的种类及状况等。

（2）林木调查。对样地内全部树木，逐一地测定其树木种类、胸高直径、树高等，并做好记录，每测一树要进行编号，避免漏测。胸径 D 是采用1.3 m 高的标杆，在树干一侧地表立上标杆，在标杆的上端，用卷尺测定树干的圆周长，以此求出直径（以 cm 为单位），或用测微尺直接量得直径。树高 H 的测定可采用测杆或测高器，在测树高时一定要以测量者能看到树木顶端为原则，尽量减少误差，以 m 为计算单位。

（3）平均标准木或径级标准木的选定和伐树。标准木要选择没有发生干折或分叉的正常树林，在整理好每木调查的结果后，根据胸高直径在平均值附近的几株立木作为平均标准木，或根据不同立木所占的比例来确定不同径级的立木株数，分别选为径级标准木。在选择标准木时，要防止选用林缘树木，避免造成叶量、枝量的偏大。将被选的标准木伐倒后，每隔1 m 或 2 m 处锯开（但第一段为1.3 m），若树木较高大，区分段可增加至 4 m，甚至 8 m，分别测定各区分段的树干、树枝、树皮、树叶的鲜重，并取其各部分的部分样品，装入袋中带回室内，在80℃烘干至恒重后称重，计算样品的含水量，并在野外测定鲜重值的基础上将其换算成干重。对不能用秤来称量的大树干的重量，则可测出每区段两头截断面积和长度，把两个断面积的平均值乘以长度，计算出体积，再换算成重量。

地下部根的重量测定是非常费力而耗时的工作，当标准木株数较多时，可适当酌减。但对必须进行根测定的标准木，需将根全部挖出。根据树的大小来估计所需挖根面积和土壤深度，标准木伐倒后，一般再围绕树的基部挖 1 m² 面积、0.5 m 深范围内的根系（挖坑深度取决于根的分布深度），分别将根茎、粗根（2 cm 以上）、中根（1～2 cm）、小根（0.2～1 cm）、细根（0.2 cm 以下）挖出，并称其鲜重，分别取各部分样品带回室内，烘干后求出含水量，再估算出总的根干重。在称鲜重时应尽量将根上附着的泥沙去掉，对于细根则可放入筛内用水冲洗，然后用纸或布把附着的水吸干晾晒后再称重。

需要指出的是，细根即直径在 0.2 cm 以下的根的生物量的测定是有重要意义的，主要是其周转速率较快，而这一点又往往被忽略。要做到细根生物量的精确测定是十分困难的。在许多种测定细根生物量的方法中，比较常用而简便，又不需要精密仪器的测定细根生物量的方法是内生长土心法。

内生长土心法是用得较为普遍的研究细根生物量的一种较为有效的方法。这种方法有点与钻土心法相反，它首先构建一个无根土柱。在制造无根土柱时，可以借用一种有一定孔径的网袋，这样便于土柱成型。将土柱（并网袋）放入事先准备好的坑中，周围缝隙用无根土填满。也可以事先将坑挖好后，直接放入土壤模子，再放入网袋，然后用过筛无根土填满，周围也用无根土填满，最后将模子抽出。构成土柱的无根土也可以用沙子代替，这样做的好处是容易将根从沙子中分离，但缺点是形成了与周围完全不同的环境，这会对根的生长有一定程度的影响。通常在土柱埋入一年后，再从土壤中取出，在取出前需切断土柱与周围的根的连接。内生长土柱的处理方法与钻土心法中的土心的处理是完全一样，此法的缺点是，首先土柱与其周围形成了不同的环境，其次是死根在土壤中的分解必然要增加。因此用此法得到的结果很显然低估了根的年生产量。不过，测定结果直接能用作为细根年生产量的一个近似值。土柱的直径为 5～10 cm，深度为 0.5～1 m。

（4）结果计算。用平均标准木生物量的平均值 ΔW 乘单位面积上立木株数 N，求出单位面积上的乔木生物量，即：

$$B=(N\times\Delta W)/A$$

式中：B——单位面积乔木生物量，kg/m²；

   N——被测样地的立木株数，株；

   ΔW——伐倒木重量的平均值，kg；

   A——被测样地面积，m²。

2. 乔木层生产力的测算

（1）树干、树皮年生长量的测定。树干的生长量是通过树干解析法来进行的。方法是从伐倒木的各个高度截取圆盘。如截取部位恰好遇到树杈等，从而不适合用来测定年轮时，可上下小范围更换位置截取新的断面。截下的圆盘要在非工作面上记载解析样木的编号和工作面的高度。工作时要用刀子、刨子等工具削成易于读出年轮的状态。用铅笔通过髓心的最大直径和同样通过髓心并与之垂直的直线画出来，沿着这个方向的直线从树干外侧，在 5 年前、10 年前、15 年前……的年轮上用铅笔做上记号，同时读出全部年轮数。所定年龄间隔可以根据实际情况适当伸缩。数年轮时要注意四个方向上的年轮是否在同一环上，以排除假年轮的干扰。当年轮非常密集时可用放大镜帮助。把精密的尺子紧贴靠各个直线上，读出髓心到树皮外缘的长度、到去皮后木质部边缘长度、5 年前、10 年前……年轮的长度。把 4 个方向的测定结果记录入表中。取 4 个方向的平均值则得到各龄阶的平均半径。根据这些结果绘制树干解析图，并计算各区分段的材积：

$$V = \frac{g_1 + g_2}{2} \cdot L$$

式中：g_1、g_2——分别是上下界面的面积；

$\quad\quad$ L——分段长度。

梢头部分的材积，近似于圆锥体，如假设其基部断面积为 g，高为 L，则可用以下公式来计算：

$$V = \frac{g}{3} \cdot L$$

如果将各时期各高度的材积加以合计，就可以求出单株的带皮材积、去皮材积、5 年前材积、10 年前材积……要把材积换算成干重时，需从树干不同部分截取试材，测定容积重，即可求出干物质量。设最近一年树干的生长量为 ΔW_s，现在的重量是 W_s，t 年前的重量为 W_s'，如果此间是呈线性增长，则 ΔW_s 可用下式计算：

$$\Delta W_s = \frac{W_s - W_s'}{t}$$

若树木不是正处于旺盛生长期，而是呈指数生长时期，则用下式来计算：

$$\Delta W_s = W_s(1 - e^r)$$

式中：$r = \frac{1}{t}\ln(\frac{W_s}{W_s'})$。

至于采用哪个公式才更接近实际，这要根据观测期间该树的材积生长曲线来判断。

树皮的生长量通常是假定与木材具有相同的生长率。如果能加上老皮脱落量的修正，则更精确。

有了单株生长量，就可以用平均标准木法或相对生长量法，换算成单位土地面积，一年内树干的生产量，即树干生产力。

（2）枝生产量的测定。枝生产量的测定比较困难，因为既有新生枝条，又有老枝的增粗，测定时应分别进行。对伐倒木首先是把当年新生枝条区分出来，单独称重。阔叶树当年新枝与老枝界线不明显，但也要通过对芽鳞痕的观察和新老枝皮色的对比将其区分开来。老枝的增粗生长形成的生产量，可用以下方法测定：① 逐株分层选取样株，并根据枝的粗度分级，求出各枝基部断面积生长率，再乘以各个粗度级的干物质量，从而求出干物质增加量。② 选取样枝，用和树干完全相同的解析方法，求出一年间的增长量，计算出增长率，用以推测全株，进而推测全样地的枝生产量。③ 在用相对生长法测定生物量的情况下，因为已求出现在（t_2 时刻）枝的生物量与 D 或 D^2H 的关系式，可以利用同一关系式求出 t_1 时刻的枝量，则 t_2 与 t_1 时刻的差值即为该期间的产量，除以时间则得一年的生产量。这里是假设 t_2 与 t_1 时刻的常数是相同的。

通过上述方法求算的老枝增粗的生产量，与当年新生枝条的生产量合计，即为一年的生产量。这里忽略了草食动物的取食量和凋落量。若有条件分别测定后加以修正，则可以进一步提高精度。

（3）叶生产量的测定。叶生产量的测定相对而言较容易。落树和当年生枝明显的常绿树种，当年生叶可以近似代表叶的生产量，可结合伐倒木采样测定。若能加上当年的叶子脱落量及被取食量，则可进一步提高精度。

六、数据统计与结果分析

根据上述分别对植物群落中草本植物、灌木、乔木等的生物量和生产力的测定结果，按照下列公式，可计算整个群落的总生物量和总生产力。

植物群落的生物量= 乔木的生物量 + 灌木的生物量 + 草本植物的生物量

植物群落的生产力= 乔木的生物力 + 灌木的生物力 + 草本植物的生物力

在此基础上，可进一步比较分析不同植物群落的总体生物量和生产力与群落类型、结构、生态环境之间的关系。

七、注意事项

（1）观测之前，要制订详细的实验计划和方案。植物群落生物量和生产量的测定项目较多，步骤繁杂，任务量比较大。这就要求学生在实验之前认真阅读操作方法，并以小组为单位进行讨论，确实理解相关的技术规范与要求，才能避免调查中的"忙乱窝工"现象。

（2）测定中要认真做好记录。本实验所需要记录的表格较多，但本指导书并未全部给予附表，要求各组自己预先设计出并打印备用。这样做的目的是培养学生独立工作的能力。

（3）在植物群落的生物量和生产量的测定过程中，通常会遇到植物繁茂、荆棘密布、病虫隐匿等情况。同时，在乔木生物量测定中，还需要采伐高大样木，因此，一定要做好防护，注意安全。

实验二十三　植物群落演替实验

一、实验目的

演替是一个生物群落被另一个群落所取代的过程，它是群落动态发展的最重要特征之一。由于群落演替是一个相对缓慢的过程，需要一定的时间周期，而学生开展实验研究的时间又十分有限，因此，本实验可以利用以前已建立的群落演替的长期定位观测站，或者采用"空间代替时间"的研究方法来观察植物群落的演替进程，让学生熟悉群落演替的相关研究方法，了解群落演替的进程，进而加深对生物群落演替的理解和认识。

二、实验原理

群落演替是指群落随着时间的推移而发生的有规律变化。一般而言，一个先锋植物群落在裸地上形成后，不久演替便发生，一个群落接着一个群落相继地、不断地为另一个群落所代替，直至顶级群落，这一系列的演替过程就是一个演替系列。群落演替过程一般可划分为 3 个阶段：①侵入定居阶段（先锋群落阶段）。一些物种侵入裸地定居成功并改良了环境，为以后入侵的同种或异种物种创造有利条件。②竞争平衡阶段。通过种内或种间竞争，优势物种定居并繁殖后代，劣势物种被排斥，相互竞争过程中共存下来的物种，在利用资源上达到相对平衡。③相对稳定阶段。物种通过竞争，协同进化，并进行生态位分化，使对资源的利用更为充分有效；群落结构更加完善，有比较固定的物种组成和数量比例，群落结构复杂，层次多。

群落演替实际上是一个时空耦合问题，即演替不仅与某一空间的生态环境密切相关，而且也与演替发生的时间长短有关。因此，在进行群落演替研究，必须同时考虑空间（生态环境）和时间因素的作用和影响。

三、实验内容

（1）了解和探讨植物群落演替的相关研究方法；
（2）划分植物群落演替的阶段及对其结构与功能特征的调查；
（3）总结某一植物群落演替系列及模式，探讨分析植物群落演替的主要驱动因素。

四、实验器材与实验场地

实验器材：样方框、测绳（或皮卷尺）、钢卷尺、标杆、罗盘仪、海拔仪或 GPS、测高器、照相机、植物标本夹、剪刀、铁锹、铲刀、计算器、记录笔、记录表格、标签等。

实验场地：①植物群落演替的长期定位观测站；②不同年限的退耕还林地，或不同年限的撂荒农田。

五、实验方法与步骤

（一）长期定位观测样地的研究方法

如果学校及其所在地区已建有植物群落演替的长期定位观测站（如中国科学院鹤山定位观测实验站设置有不同年限的植被恢复地），则可以结合该观测站的样地开展群落演替的调查研究。具体调查方法可采用本章的植物群落结构特征的调查与观测方法进行（参阅本章的实验二十一部分），调查内容包括某一类型植物群落不同演替阶段的物种组成、空间结构和生态环境指标等。

通常情况下，许多学校及其所在地区缺乏这类的长期定位观测站，因此，为了满足学生实验教学的需要，可以在实验基地、农场或校园等，分别提前 5 年、3 年、1 年，各预留一块荒地（面积 20～50 m²，有条件的可增大面积），作为标准样地，让其自行演替（次生演替），由于撂荒的时间不同，其植物群落（草本植物群落）演替的进程也会不同（草本植物群落演替所需的时间相对较短）。这些样地则可作为学生的调查实验之用。保留这些样地，以后每年可重复使用。实验调查内容包括植物群落不同演替阶段的物种组成、空间结构和生态环境指标等。

（二）空间代替时间的研究方法

如果所在地区，缺乏长期的植物群落演替定位观测站。同时，由于人为破坏，很难找到原有的或自然的、完整的植物群落演替序列，且其演替历史（时间阶段）又不可回溯或恢复，因此，在生态学中，通常采用"以空间代替时间"（space-for-time substitution）的方法来研究生态演替，即假设在距离相近的地区或相似的地方，具备"相似的生态环境"与相似的植物演替系列，因此，如果在这些相似的环境中仍保留着或能找到不同发育（年龄）阶段的植物群落，则可以用这些植物群落分别代表该类群落演替进程中相应的时间序列，即通过相似空间的不同发育阶段的植物群落类型来间接地代替群落演替的时间进程，即进行"空间与时间的置换"。

"空间代替时间"群落演替的具体实验方法与步骤如下：

（1）实验样地选择：选取一个小流域，在坡地上，尽量在相似的地貌部位，分别选取不同年限的退耕还林地，以及相对未经破坏的原生林地（近似于顶级群落），设置相关的观测样地。或者在相近的平原农田区，分别寻找和选取不同年限撂荒发生自行次生演替的农田或次生林地斑块，并设置相关的观测样地。

（2）样地调查：在设置的一系列植物演替样地中，按照样地调查法或无样地采样法进行群落结构与功能等方面的调查，调查内容包括植物群落不同演替阶段的物种组成、空间结构和相关的生态环境指标等。

六、数据统计与结果分析

对实验观测数据进行相应的统计分析，将结果填入表 5-9 中。比较分析同一类型植物群落不同演替阶段的物种组成、结构与功能特征之间的差异，同时，粗略地划分某一植物群落的演替阶段。

表 5-9　撂荒地不同演替阶段的植物群落结构调查

	优势物种	物种数	多样性指数	盖度	高度	其他指标
撂荒（或恢复）1 年						
撂荒（或恢复）3 年						
撂荒（或恢复）5 年						
自然植被（相当于顶级群落）						

七、注意事项

当采用"空间代替时间"群落演替的实验方法时，一定要谨慎，若对植物群落以前的演替历史、人为干扰方式（土地利用等）、立地条件等不了解，单凭选取不同撂荒年限的样地来近似代替群落的演替阶段，往往会产生偏差、误导乃至错误，因此，当选择样地时，一定要充分调查样地的历史信息（如向当地人认真询问、历史时期的土地利用地图或航片、卫片等），同时也要向学生讲明相关情况或问题，包括使用这种方法的局限性。

主要参考文献

[1]　董鸣. 陆地生物群落调查观测与分析[M]. 北京：中国标准出版社，1996.

[2]　冯宗炜，王效科，吴刚. 中国森林生态系统的生物量和生产力[M]. 北京：科学出版社，1999.

[3]　吕宪国，等. 湿地生态系统观测方法[M]. 北京：中国环境科学出版社，2005.

[4]　王伯荪，余世孝，彭少麟，等. 植物群落学实验手册[M]. 广州：广东高等教育出版社，1996.

[5]　杨持. 生态学实验与实习[M]. 北京：高等教育出版社，2003.

[6]　章家恩. 生态学常用实验研究方法与技术[M]. 北京：化学工业出版社，2007.

第六章　生态系统生态学实验

生态系统生态学是研究生态系统的组成、结构与功能、系统内和系统间的能流和物流过程及其调控的生态学分支领域。本章主要介绍生态系统物质和能量的测定实验（其中物质养分的分析测定方法在后面的第八章中加以介绍）、生态系统内凋落物归还的实验，以及能物流投入—产出过程的分析方法。

实验二十四　物质热值的测定

一、实验目的

能量流动是生态系统的基本功能之一，当研究生态系统的能量流动时，常常要测定投入、产出和中间转化过程中物质所含的能量。物质所含的能量可以用该物质完全燃烧释放的热量来表示。测定热量的仪器有手动型和全自动型。本实验采用 GR-3500 型绝热式热量计测定物质的热量。通过本实验使学生了解物质热值的测定方法，掌握该仪器的结构和使用方法。

二、实验原理

物质所含的总热量通常用物质的燃烧热来表示，即一定量的物质完全燃烧，氧化成最终产物（CO_2、H_2O 等）所释放的能量。单位重量物质的燃烧产热即为该物质的热值（J/kg）。恒温式热量计尽量使热量计中燃烧产热体系与其环境之间的热交换作用减到最小。在燃烧体系与其环境温差不大于 2～3℃的情况下，产生的少量热交换作用可用热交换校正公式对其散失的热量进行校正。

恒温式热量计的工作原理是，在测定过程中，先用已知重量的标准苯甲酸在热量计中燃烧，求出热量计的热容量（即在数值上等于量热体系温度升高一度所需要的热量）。然后，使待测物质在同样条件下，在热量计内燃烧，测定量热体系的温度升高值。根据所测温度升高值及量热体系的热容量，即可求出所测物质的燃烧热。

设测定热量计热容量时，发生的热效应为 Q_g，温度升高为 ΔT_e，则热量计的热容量 E 可以表示成：

$$E = Q_g / \Delta T_e$$

设待测物质发生的热效应为 Q_x（即未知热效应），体系温度升高为 ΔT，因为体系温度每升高 1℃所需的热量仍应为 E，则：

$$Q_x = Q_g / \Delta T_e \times \quad \Delta T = E \cdot \Delta T$$

由此式即可计算所测物质的燃烧热。

三、实验内容

（1）了解 GR-3500 型绝热式热量计的结构和工作原理；

（2）学习热容量的测定和计算（如果实验学时有限，此结果可以由教师预先做好）；

（3）掌握待测样品热值的测定方法和结果计算。

四、实验材料与仪器设备

（1）GR-3500 型绝热式热量计。

（2）氧气：为压缩氧，不应含有氢和其他可燃物，禁止使用电解氧。

（3）点火丝：一般采用直径小于 0.2 mm 的金属丝（铁、镍、铂、铜）。

（4）酸洗石棉、玛瑙研钵、坩埚。

（5）苯甲酸：已知其热值，并应经国家计量部门检定。

五、GR-3500 型绝热型热量计结构简介

整个热量计由三部分组成——量热系统、外系统和附件。

（一）量热系统（thermometering system）

量热系统是指在实验过程中发生的热效应所能分布的部分，包括量热容器（包括内装的水）、氧弹的全部以及搅拌器、测温探头的一部分。

（1）氧弹：即样品燃烧室。实验时内装待测样品，充以氧气通过电极点火使样品燃烧。为防止燃烧生成的酸对氧弹的腐蚀，氧弹系用 1Cr18Ni9Ti 不锈钢制成（图 6-1）。

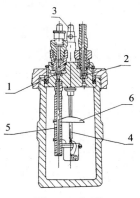

图 6-1　氧弹

1. 充气阀门；2. 放气阀门；3. 电极；4. 坩埚架；5. 充气管；6. 燃烧挡板

弹体是容积为 300 mL 的厚壁圆筒。弹头上有充氧阀门、放气阀门、电极、坩埚架、充气管、燃烧挡板。氧气通过进气阀门和充气管进入氧弹。实验结束后产生的废气由放气阀门放出。一个电极是和弹头绝缘的，另一个电极是由进气阀门和充气管兼作的。弹头和

弹体的密封是通过一个橡皮垫圈和一个金属垫圈来实现。

（2）量热容器（内筒）：截面为梨形的铜制容器，表面镀铬抛光，实验时内装一定量的水。

（3）搅拌器：由搅拌马达带动，搅拌使水的温度很快均匀一致。内筒搅拌转速为500 r/min。

（二）外系统（external system）

（1）外壳（外筒）：铜制的双壁套筒，内有搅拌器，实验时充满水，搅拌使筒内水温均匀，形成恒温环境。外筒搅拌转速为 300 r/min。

（2）绝热支柱：用来支撑量热容器并使其与外壳绝热。

（3）点火插头：点火插头有两个，实验时将点火插头连接在氧弹的两个电极上，引入24V 交流电，引燃点火丝，点燃样品。

（4）SR－1 数显热量计控制器：带有测温探头，能控制计时间隔、搅拌、点火等过程，用于取代原恒温式热量计的贝克曼温度计和控制箱。

（三）附件（attachments and accessories）

（1）输氧装置——由氧气减压器、氧气导管接头和氧气瓶构成。输氧装置的各连接部分禁止使用润滑油，必要时只使用甘油。

（2）压片机——将粉状样品压成圆片状。

（3）弹头座——放置弹头的架子。

六、实验方法与步骤

（一）热容量的测定

热量计的水当量就是量热体系具有相同热容量的水的重量，数值上等于热容量。

热量计的热容量用已知热值苯甲酸，在氧弹内用燃烧的方法测定。试样的测定应与热容量的测定在完全相同的条件下进行。当操作条件有变化时，如更换或修理热量计上的零件、更换温度计、室温与上次测定热容量的室温相差超过 5℃以及热量计移到别处等，均应重新测定热容量。

1. 试样处理

用玛瑙研钵将苯甲酸研细，在 100～105℃烘箱中烘干 3～4 h 冷却到室温，放在盛有硫酸的干燥器中干燥，直到每克苯甲酸的重量变化不大于 0.000 5 g 时为止。称取苯甲酸1.0～1.2 g，用压片机压成片（引火线不应压在片内），再称准到 0.000 2 g 放入坩埚中。在使用石英坩埚时，为避免碎裂，可用酸洗石棉将坩埚填充。

2. 装氧弹

在氧弹中加入 10 mL 蒸馏水，把样品固定在坩埚架上，再将一根引火线的两端固定在两个电极上，其中段放在苯甲酸片上。引火线勿接触坩埚，拧紧氧弹上的盖，然后通过进气管缓慢地通入氧气，直到弹内压力为 2.8～3.0 MPa 为止。氧弹不应漏气。

3. 装量热器并加水

将充好的氧弹放入量热容器中，加入蒸馏水约 3 000 g（称准到 0.5 g），加入的水应淹到氧弹进气阀螺帽高度的 2/3 处。每次用量必须相同。如以量体积代替称重，必须按不同温度时水的比重加以校正。

4．调整蒸馏水温度

蒸馏水的温度应根据室温和恒温外套（外筒）水温来调整，在测定开始时外筒水温与室温相差不得超过 0.5℃；当用热容量较大的热量计时，内筒水温比外筒水温应低 0.7℃；当使用热容量较小的热量计时，内筒水温比外筒水温应低 1℃左右。

5．搅拌

将测温探头插入内筒，开动搅拌器，其转动速度使容器中的水迅速混合，以在 10 min 以内使内筒水温上升均匀，而水珠不溅出为限。

6．读取温度

整个实验分 3 个阶段。

（1）初期：这是试样燃烧以前的阶段。在这一阶段观测和记录周围环境与量热体系在试验开始温度下的热交换关系。每隔 1 min 读取温度一次，共读取 6 次，得出 5 个温度差（即 5 个间隔数）。

（2）主期：燃烧定量的试样，产生的热量传给热量计，使热量计装置的各部分温度达到均匀。在初期的最末一次读取温度的瞬间按电钮点火（点火时的电压应根据引火线的粗细试验确定，在引火线与两极连接好后，不放入氧弹内，通电实验以引火线发红而不断为适合），然后开始读取主期的温度，每 0.5 min 读取温度 1 次，直到温度不再上升而开始下降的第一次温度为止，这个阶段作为主期。

（3）末期：这一阶段的目的与初期相同，是观察在试验终了温度下的热交换关系。在主期读取最后一次温度后，每 0.5 min 读取温度 1 次，共读取 10 次作为实验的末期。

7．实验结束

停止观察温度后，从热量计中取出氧弹，注意缓缓开放气阀，在 5 min 左右放尽气体，拧开并取下氧弹盖，量出未燃完的引火线长度，计算其实际消耗的重量，随后仔细检查氧弹，如弹中有烟黑或未燃尽的试样微粒，此实验应作废。如果未发现这些情况，用热蒸馏水洗涤弹内各部分、坩埚和进气阀。

8．清洁器材

用干布将氧弹内外表面和弹盖拭净，最好用热风将弹盖及零件吹干或风干。

9．测定次数要求

热容量的测定结果不得少于 5 次，每两次间误差不应超过 40 J，如果前 4 次间的误差不超过 20 J，可以省去第 5 次测定，取其算术平均值，作为最后结果。

（二）试样热值的测定

称取粒度小于 0.2 mm 的待测试样 0.8~1.2 g，实验方法及步骤同热容量的测定。在观测过程中将相关参数和测定结果分别计入表 6-1 和表 6-2 中。

表 6-1　数据

仪器编号		热容量/（J/℃）		内筒水重/g	
室内温度/℃		外筒温度/℃		内筒温度/℃	
样品名称		样品重量/g		镍丝重量/（g/根）	
镍丝长度/mm		剩余丝长/mm		镍丝热值/（J/g）	

表 6-2　温度值

读取温度顺序	1	2	3	4	5	6	7	8	9	10	…
燃烧初期											
燃烧主期											
燃烧末期											

七、数据统计与结果分析

（一）热量计热容量的计算

1. 热容量的计算公式

$$E=（Qa+gb+qn）/（T-T_0+\Delta t）$$

式中：E——热量计的热容量，J/℃；

Q——苯甲酸的热值，J/g；

a——苯甲酸重量，g；

g——引火线的燃烧热，J/g；

b——实际消耗的引火线重量，g；

qn——硝酸生成热，J（$0.0015Qa$）；

T——直接观测到的主期的最终温度；

T_0——直接观测到的主期的最初温度；

Δt——热量计热交换校正值。

$$\Delta t = m（V+V_1）/2 +V_1 r$$

式中：m——在主期中 0.5 min 温度上升不小于 0.3℃ 的间隔数（第一个间隔不管温度升多少都计入 m 中）；

V——初期温度变率，℃/0.5 min；

V_1——末期温度变率，℃/0.5 min；

r——在主期 0.5 min 温度上升小于 0.3℃ 的间隔数。

2. 观测记录及计算结果示例

设测定时，室内温度为 22.3℃，外筒温度为 22.5℃；内筒温度为 21.8℃，所用苯甲酸的热值为 26 464 J/g，质量 a 为 1.107 1 g，测定结果如下：

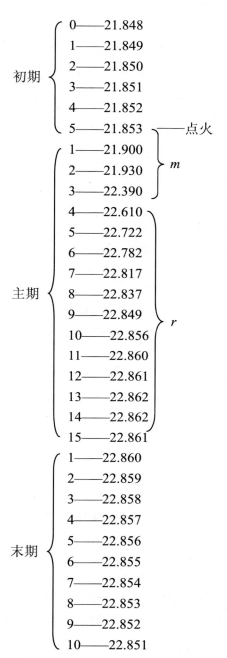

由测定结果可得：

$V = （21.848 - 21.853）/10 = -0.000\ 5$

$V_1 = （22.861 - 22.851）/10 = 0.001$

$\Delta t = （-0.000\ 5 + 0.001）/2 \times 3 + 0.001 \times 12 = 0.012\ 75$

$gb = 34\ J$

$E = （26\ 464 \times 1.107 + 34 + 0.001\ 5 \times 26\ 464 \times 1.107）/（22.861 - 21.853 - 0.012\ 75）= 14\ 722\ J/℃$

（二）试样热值的计算

$$Q_s = [E（T - T_0 + \Delta t）- gb - q]/G$$

式中：Q_s——试样的热值，J/g；

　　　G——分析试样的重量，g；

　　　q——包纸等产生的热量；

　　　其他字母的含义同上。

八、注意事项

（1）称样量不能过大，以免燃烧不完全。

（2）引火线的绑缚是决定实验成败的较为关键的一步。要求与两极妥善连接并与样品紧密接触，不可与坩埚接触。

（3）注意搅拌器不能碰触金属器壁。

（4）内桶要放稳，内外桶之间要留有空隙，不能直接接触。

（5）室温以 20～25℃为宜，每次测试室温变化不应超过 1℃。室内不能有强烈的冷源、热源及空气对流。

实验二十五　森林枯枝落叶的收集及其分解过程的测定

一、实验目的

本实验的主要目的是让学生学习枯枝落叶的收集方法，掌握网袋法测定枯枝落叶分解的操作步骤和计算方法。在此基础上，让学生理解森林枯枝落叶的分解对维持人工林地力、保护生态平衡以及指导营林工作所具有的重要意义。

二、实验原理

在陆地生态系统中，植物通过光合作用合成的有机物是生态系统有机物的主要来源，初级生产力中除因生命活动在生态系统各营养级流动消耗的以外，其绝大部分最终以枯枝落叶的形式返回地表，形成中间物质库，并在分解者的作用下使其中的营养物质不断归还土壤。植物枯枝落叶分解速率影响着其在地表积累的速度，同时也制约着营养元素及其他物质向土壤的归还和植物的再利用过程，对土壤库的物质平衡起着重要的作用，因此枯枝落叶的积累与分解在能量流动和营养物质循环过程中起着重要作用。

森林中枯枝落叶分解过程通常包括 3 个方面：①淋溶过程。枯枝落叶中的可溶物质通过降水被淋溶。②粉碎过程。动物摄食，土壤干湿交替、冰冻、解冻，使枯枝落叶变小或转化。③代谢分解过程。主要通过微生物将复杂的有机物转化为简单分子。这三个过程是同时发生的，并以土壤生物的影响为主导。

森林枯枝落叶的收集可在森林中设置若干样方进行，通常采用网袋法测定枯枝落叶的分解，其分解过程可用 Olson（1963）的分解指数衰减模型来描述，即：

$$y = a \cdot e^{-rt}$$

式中：y——某一时刻的分解残留百分比，%；

　　　t——分解时间（天、周、月或年）；

　　　r——分解速率；

　　　a——修正系数。

　　通过测定不同分解时间枯枝落叶残留量的干物重，求出模型参数，再分别计算出 50% 和 95% 的枯枝落叶分解所需的时间，即 $t_{0.5}$ 和 $t_{0.95}$。

三、实验内容

　　在野外林地中设置样方直接收集地表枯枝落叶，将枯枝落叶分类，用网袋法测定枯枝落叶中未分解叶片的分解过程，计算 50% 和 95% 的枯枝落叶分解所需的时间。

四、实验材料、场地和器材

（一）材料

　　在某一林地中收集到的未分解的枯枝落叶（叶片）。

（二）场地

　　在校园中的某一林地。

（三）设备

　　卷尺、布袋、烘箱、塑料标签、铅笔、分析天平、网眼为 2 mm × 2 mm 的尼龙网袋（长×宽=25 cm × 20 cm）、剪刀、瓷盘。

五、实验方法与步骤

（一）枯枝落叶的收集

　　（1）在野外选择一片林地作为研究区域。

　　（2）在林地设置 5 个 1 m × 1 m 的样方，1 个月后直接收集样方地表的枯枝落叶。

　　（3）在 5 个样方内，分别将每个样方的枯枝落叶按枝、叶、果分类，再根据分解程度将其分为 3 个等级，即：① 未分解枯落物：枯落物无腐烂现象及动物噬咬的痕迹，枯落物完整或仅因为非生物的机械作用而有碎裂，多为当年刚刚凋落的枯落物。② 部分分解的枯落物：有明显的土壤动物噬咬的痕迹，枯落物的颜色发生明显的变化，组织松软易碎，或有菌丝侵入。③ 碎屑：枯落物的分解较完全，从外表已无法分辨其所属的器官。碎屑是土壤腐殖层的重要组成部分之一，常与土壤颗粒混在一起。为了方便统计碎屑的数量，常采用卷尺测量碎屑层的厚度（从土层表面的厚度到含有碎屑土层的最深处的厚度）来表示。

　　（4）分别将 5 个样方中的枯枝落叶按上述分类装入做好标记的网袋中，带回实验室。

（5）将带回来的各网袋中枯枝落叶分别放入烘箱中 105℃下烘 15 min 杀青，再于 80℃下烘至恒重，称重后将数据记录在表 6-3 中。

表6-3　森林中各种不同分解级别的枯枝落叶重量

样方	果实干重/g		枝条干重/g		叶干重/g		碎屑厚度/cm
	未分解	部分分解	未分解	部分分解	未分解	部分分解	
1							
2							
3							
4							
5							

（二）枯枝落叶中未分解叶片分解过程的测定

（1）将上述烘干的未分解叶片作为分解过程的测定材料，把 5 个样地中未分解叶片充分混匀，备用。

（2）准确称取混匀后的枯枝落叶 10.000 g，放入 25 cm×20 cm 的尼龙网袋（网眼大小为 2 mm×2 mm）中，共装 12 袋。

（3）系好网袋后送到林地，安放于林内地面，安放时把地面的凋落物拨开，挖去少量泥土，使网袋上表面和地面凋落物相平。

（4）分别于安放后的 3 个月、6 个月、9 个月、12 个月随机收回 3 袋枯枝落叶，以代表每次取样的 3 个重复。

（5）将每次取样的 3 袋枯枝落叶带回实验室，从网袋中取出枯枝落叶，用自来水冲洗并小心除去可能黏附的泥土，用镊子挑去石块和植物新根，然后放在瓷盘上于 80℃烘箱中烘至恒重，称重后将数据记录在表 6-4 中。

表6-4　枯枝落叶网袋分解法数据

分解时间/月	重复	原干重/g	分解后干重/g	干重残留百分比/%	平均残留百分比/%
0		10.000	10.000	100	100
3	1	10.000			
	2	10.000			
	3	10.000			
6	1	10.000			
	2	10.000			
	3	10.000			
9	1	10.000			
	2	10.000			
	3	10.000			
12	1	10.000			
	2	10.000			
	3	10.000			

（6）将每次取样得出的 3 袋枯枝落叶的干重，计算出每次重复的干重残留百分比及其平均值记录在表 6-4 中。

六、数据统计与结果分析

（1）根据表 6-4 的数据计算出的各取样时期枯枝落叶干重平均残留百分比 y，利用 Excel 算出其对数值 $\ln y$。

（2）对 Olson 分解指数衰减模型 $y = a \cdot e^{-rt}$ 两边取对数，得到：$\ln y = \ln a - r \cdot t$，对此式可转换成 $Y = A + B \cdot X$ 型直线回归方程式，其中 $Y = \ln y$，$A = \ln a$，$B = -r$，$X = t$。

（3）以各取样时间段的 $\ln y$ 为纵坐标，分解时间 t 为横坐标，在 Excel 上作直线趋势图，并求出回归方程 $Y = A + B \cdot X$ 的系数 A 和 B，进而求出 $y = a \cdot e^{-rt}$ 中各参数，建立分解模型，得出该枯枝落叶的分解速率 r。

（4）利用 $t = (\ln a - \ln y)/r$，将 $y = 0.5$ 以及 $y = 0.05$ 代入，求出 $t_{0.5}$（月）和 $t_{0.95}$（月），进而得出 50%和 95%的枯枝落叶分解所需的时间（月）。

七、注意事项

（1）在收集枯枝落叶过程中，样地的选择应具有代表性，条件许可的话可考虑增加样地的数量，以减少实验误差。

（2）当用网袋法测定枯枝落叶分解时，应仔细混匀初始枯枝落叶，使得用于分解的枯枝落叶尽量保持一致，以便使误差减少。

（3）当每次取样收回枯枝落叶时，应尽量将杂物等去除干净，以使枯枝落叶干重残留量更准确。

实验二十六　农业生态系统能物流的投入—产出过程分析

一、实验目的

通过本实验的学习，使学生进一步理解农业生态系统物质循环和能量流动的基本原理。结合玉米/大豆间作系统养分的输入和输出案例的实验研究，让学生了解主要营养元素在农业生态系统中的循环转化状况，让学生掌握农业生态系统能物流平衡分析的一般方法与流程，并通过能物流使用的效果评价，进一步理解通过改善和优化农业生态系统的结构进而提高其物质和能量利用效率的重要性。

二、实验原理

农业生态系统是生态—经济复合系统，其本质特征是不断进行物质循环、能量流动和信息传递。农业生产过程中氮、磷、钾等矿质养分的供求平衡与输入输出平衡，土壤中有机物质的积累与分解的平衡，水资源库消耗与补给的平衡，以及系统平衡的长期维持，是可持续高效农业生态系统的基本条件。农业生态系统物流特征研究应着重了解农田系统水分与养分的供求关系，外部输入与内部循环的关系，以及系统库存的变化趋势，分析影响物流特点和效率的诸因素，为优化物质流，改进系统整体结构与功能提供依据。

同时，能量的输入和输出及其在系统内各组分间的流动，也是生态系统最基本的功能过程之一。农业生态系统的能流有太阳辐射来源产生的辐射能和风、潮汐、降雨等形式的自然辅助能，还有通过人力、畜力、机械、化肥、农药等形式投入的人工辅助能。研究农业生态系统的能流特征：一方面需要了解辐射能在食物链不同营养级上的转化、流动、反馈的特点和转化效率；另一方面，又应着重了解人工辅助能对辐射能转化的调控与促进效果，以及对资源与环境的影响。

农业生态系统的物流遵循物质守恒定律，能量流动遵循热力学第一定律（即能量守恒定律）和热力学第二定律（能量效率和能量方向定律）等，这些定律是进行生态系统物流和能流平衡分析的基础依据。

三、实验内容

本实验选取玉米/大豆间作系统作为研究对象，调查和测定各养分物质的流动状况，以及其亚系统各项组分输入、输出的能流量，绘出玉米/大豆间作系统的物流图和能流图，分析评价系统的物质循环与能量流动效率。

四、实验场地

实验场地可选取一定规模的玉米/大豆间作田块。

五、实验方法与步骤

（一）玉米/大豆间作系统的物流分析

1. 选取研究对象，确定研究边界，划分物流库

选定研究对象后，确定边界，划分物流库。玉米/大豆间作系统的物流库有土壤库和作物库等。基本物质主要以氮、磷、钾 3 种营养元素、土壤有机质和水分为分析对象。

2. 确定玉米/大豆间作系统的养分输入、输出项目，并调查和测定获得各项流量

农业生态系统养分输入项目一般包括：① 外来养分——化肥、降水、灌溉水输入；② 农副产品及人畜废弃物再利用——种子、粪便、秸秆（不包括留在田里的根茬）；③ 区域性富集；④ 生物固氮。

养分输出项目包括：① 目标性输出——农畜产品；② 非目标性输出——流失、淋失、燃烧、反硝化、挥发、人畜消耗。

3. 将各种物质的实际流量转换成各种养分流量

由于输入输出的各种物质种类繁多，必须根据各种不同类型物质的养分含量进行换算，折成氮、磷、钾纯量，才能进行物质循环平衡分析。一些不同物质的养分含量的折算标准，如表 6-5 所示。

表 6-5 一些物质中氮、磷、钾养分含量（%）的折算

种类		N	P₂O₅	K₂O	种类	N	P₂O₅	K₂O
小麦	籽粒	2.1	0.7	0.5	肉类	2.1	1.0	0.1
	茎秆	0.5	0.2	0.6	牛奶	2.4	0.2	—
水稻	籽粒	1.4	0.6	0.3	堆肥	0.4~0.5	0.18~0.26	0.45~0.7
	茎秆	0.48	0.32	2.24	粪尿	0.5~0.8	0.2~0.4	0.2~0.3
玉米	籽粒	1.6	0.6	0.4	猪粪	0.53	0.34	0.48
	茎秆	0.5	0.4	1.6	牛粪尿	0.32	0.25	0.15
大豆	籽粒	5.3	1.0	1.3	鸡粪	1.63	1.54	0.85
	茎秆	1.3	0.3	0.5	硫酸铵	20~21	—	—
甘薯	块根	0.3	0.1	0.5	尿素	42~49	—	—
	茎蔓	0.3	0.05	0.5	碳酸氢铵	17~17.5	—	—
花生	籽粒	4.4	0.5	0.8	过磷酸钙	—	14~20	—
	茎秆	3.2	0.4	1.2	硫酸钾	—	—	48~52
棉花	籽棉	3.7	1.1	1.1	磷酸二铵	16	20	—
	茎秆	0.6	1.4	0.9	苜蓿	0.56	0.18	0.31
白菜		0.416	0.069	—	苕子	0.56	0.13	0.43
苹果		0.064	0.21	—	豆饼	6.5~7.0	1.32~1.7	2.13~2.4
木材、核叶		1.0	0.2	0.5	棉籽饼	3.41	1.63	0.97

4. 根据养分输入输出项目列出玉米/大豆间作系统养分平衡表

统计、测定和计算玉米/大豆间作系统中有关物质的输入和输出数量，将数据记录在表 6-6 中。

表 6-6 玉米/大豆间作系统养分平衡　　　　　　　　　　单位：kg/hm²

种类	氮（N）	磷（P₂O₅）	钾（K₂O）
养分输入（$M_入$）			
化肥			
有机肥			
灌溉水			
降水			
大豆种子			
玉米种子			
大豆秸秆			
玉米秸秆			
合计			
养分输出（$M_出$）			
玉米			
大豆			
秸秆			
合计			
输入—输出（ΔW）			

5. 绘出玉米/大豆间作系统物流图

用箭头线标出各库输入输出及相互流动的养分数量，图6-2是参考用的玉米/大豆间作养分流动途径。

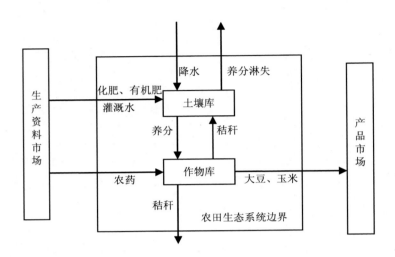

图 6-2　玉米/大豆间作系统中的养分流动与库存

6. 根据养分平衡表和物流图对玉米/大豆间作系统进行物质循环平衡分析与评价

（二）玉米/大豆间作系统的能流分析

1. 确定玉米/大豆间作系统的组成成分及相互关系

首先，确定各亚系统的输入和输出项目。一般来说，粮食作物亚系统的输入项目包括太阳辐射能和油料、电力、农业机械、化肥、农药、除草剂等工业能量以及人力、畜力、作为有机肥料的人畜粪便和还田的作物秸秆等可再生的生物能源；系统的输出则包括主要目的产品粮食和收获的秸秆。

其次，搞清各亚系统之间的关系。作物亚系统的粮食和秸秆输出，通常可作为牲畜的饲料而输入到畜牧业亚系统中；而畜力和牲畜粪便又分别作为动力和肥料而输入到作物亚系统中。人则可通过人力和人粪尿输入到作物亚系统中，而作物亚系统输出的粮食和畜牧业亚系统输出的畜产品又为人所利用。相当一部分作物秸秆和林产品又成为人们生活的燃料。

2. 确定各项组分的输入和输出的数量

由于输入输出的各种工业能量和生物能量种类繁多，除了进行实测外，还可根据各种不同类型物质的能量折算标准进行换算。一些主要物质热值的折算系数（表6-7），也可查阅其他相关的文献资料获取更多的信息，如可参考骆世明主编的《农业生态学的实验与实习指导》（中国农业出版社，2009）。

表 6-7 一些主要物质热值的折算系数

种类	热值/（kcal/kg）	种类	热值/（kcal/kg）
农机产品	50 000	谷物籽粒	3 800
柴油	10 400	小麦	3 760
沼气	5 000	玉米	3 950
电	860 kcal/（kW·h）	稻谷	3 700
标准氮肥	5 740	高粱	3 890
标准磷肥	2 030	油菜籽	6 300
标准钾肥	2 150	棉籽	5 260
农药（纯）	24 000	菜籽油	8 462
劳力	3 000 kcal/d	芝麻油	10 000
畜力	30 000 kcal/d	棉籽油	8 462
种子	3 800	花生油	9 167
有机肥（纯）	3 200	甘薯（鲜）	1 020
甘薯（风干）	3 800	禾谷类秸秆	3 400
马铃薯（鲜）	890	稻草	3 360
大豆	5 000	麦秸	3 500
棉花	4 000	玉米秸	3 470
蔬菜（鲜）	5 000	大豆秸	3 620
蔬菜（干）	4 000	木材	4 000
水果（鲜）	600	猪肉	5 800
水果（干）	3 900	牛肉	1 720
苜蓿（鲜）	600	羊肉	3 070
草木樨（鲜）	1 000	鸡鸭	1 300
青绿饲料	942	鱼类	1 100
饼类（平均）	4 500	鸡蛋	1 640
米糠	4 600	鸭蛋	1 870
麦麸	3 930		

3. 编制玉米/大豆间作系统能流表

统计、测定和计算玉米/大豆间作系统中有关能量的输入和输出数量，将数据记录在表 6-8 中。

表 6-8 玉米/大豆间作系统能流

项目	原始数据/kg	折算系数/（kcal/kg）	能值/kcal
可更新自然资源投入			
太阳能			
风能			
雨水化学能			
合计			

项目	原始数据/kg	折算系数/（kcal/kg）	能值/kcal
可更新人工投入			
玉米种子			
大豆种子			
人力/d			
机械耗油			
畜力/d			
合计			
不可更新人工投入			
化肥			
农药			
合计			
产品			
大豆			
玉米			
大豆秸秆			
玉米秸秆			
合计			

4. 能流模型的建立

将玉米/大豆生态系统中的各亚系统输入、输出过程及其相互流动的能量数量值确定后，即可绘制能流图。目前应用最广的是应用 H.T.Odum 建立的能流图示法（图 6-3）。图 6-4 是利用 H.T.Odum 的能流符号画出的一个典型农业生态系统的能流图，可供参考。

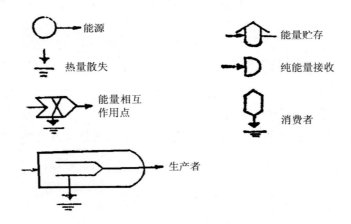

图 6-3　H.T.Odum 设计的能流图示的主要符号

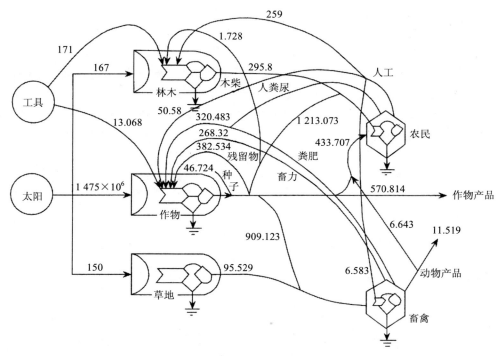

单位：4.18×10^9 J/a

图 6-4　一个农业生态系统的能流

5．根据能流图对玉米/大豆间作系统进行能流分析

根据能流图和相关数据进行相关的指标参数分析，包括输入能量结构分析、产出能量结构分析、输入能流密度和产出能流密度分析和各种能量转换效率计算与分析等。

六、数据统计与结果分析

（一）玉米/大豆间作系统的物质循环平衡分析

1．输入—输出水平分析

随生产性投入而带进系统的养分输入量及随产品输出而带出系统的养分输出量，是系统生产力和生产力水平高低的反映。因此，可以进行单位面积的物质投入和输出强度（如单位面积产量、单位面积农药、化肥和机械动力等的投入量等）比来进行比较分析和评价。

2．输入—输出结构分析

分别根据间作系统中各库的物质输出—输入量，以及各种输入（或输出）分别占该库总输入量（或总输出量）的百分比，分析农业生态系统中各库营养物质的输入输出结构。这种结构特征是各库的基本属性之一。

3．输入输出平衡分析

对各库营养物质输入—输出平衡关系进行分析评价。物质平衡式为：

$$M_入 = M_出 + \Delta W$$

式中：$M_入$——某种营养元素的总输入量；

$\quad\quad M_出$——该营养元素的总输出量；

$\quad\quad \triangle W$——该库营养元素贮量变化。

若 $M_入=M_出$，则 $\triangle W=0$，该库某种营养元素处于平衡状态，这是系统稳定发展的保证；若 $M_入<M_出$，则 $\triangle W<0$，表明在生产过程中该库某种营养元素的贮量不断减少，将会导致恶性循环；若 $M_入>M_出$，则 $\triangle W>0$，表明在生产过程中该库某种营养元素贮量不断增加，有利于该库养分贮量的恢复和提高生产潜力。但持续到一定程度，该养分在库内达到一定程度后，继续保持 $M_入>M_出$，也会导致养分的浪费或者产生过饱和毒害，降低生产力。

4. 生产效率分析

系统随经济产品输出养分与随生产性投入输入养分之比（物质产投比），即投入养分转化为有效产品的效率。

（二）玉米/大豆间作系统的能流分析

1. 输入能量结构分析

分析所研究农业生态系统中总能量的输入水平及各种输入能量占总输入能量的比例。所谓总能量输入，是指从所研究的系统或亚系统外输入到该系统或亚系统中的各能量流的总和，通常为太阳能以外的各种辅助能的总量。各种能量输入占总能量输入的比例，说明一个农业生态系统的能量输入结构，在此基础上可进一步分析各种能量投入与产出的关系。

2. 产出能量结构分析

分析所研究农业生态系统中总能量的输出水平及各种能量输出占总输出能量的比例。所谓总能量输出，是指输出到所研究的系统或亚系统以外的各种产物所含的能量总和。总能量输出的大小表明了系统的生产水平和开放程度。各种能量输出占总能量输出的比例，主要是指各亚系统输出能量占总输出能量的比例以及各种主产品、副产品所含能量占总输出能量的比例。

3. 输入能流密度和产出能流密度分析

输入能流密度是指单位面积上的太阳能和各种辅助能的平均输入量。产出能流密度是指单位面积上产出的平均能量。能流密度分析可了解农业生态系统中单位面积下能量输入与输出的强度。

4. 各种能量转换效率计算与分析

通常用各种形式的能量输出与输入比（即能量产投比）说明一个农业生态系统的能量转换效率和特征。

作物亚系统常用的几个能量输出与输入比值包括：① 总生物量能量与太阳辐射能输入之比，用以表示太阳能的转化率和利用率；② 总生物量能量输出与总能量投入量（不包括太阳辐射能）输入之比，用以表示该系统的能量转化效率（若此比值小于 1，说明该系统所消耗的能量超过了所产生的生物能量）；③ 总生物量产出能与总工业能量输入之比，表示该系统对工业能量的利用效率，此比值越大，说明工业能源的使用效果越好。反之，则利用效果差；④ 总生物量产出能量与总劳力输入能量之比，用以说明该系统的劳动生产率。

5. 从能量角度对所研究的系统进行综合评价

通过上面的一系列研究，能比较容易地说明一个系统的基本特征、主要优缺点，也可以看出该系统存在的问题及其影响因素，从而为按照一定的目标改善系统的结构和建立新的农业生态系统提供参考依据。

七、注意事项

（1）在实验过程中要客观全面地收集农业生态系统中的能物流数据资料，可从生物因素和非生物因素入手，通过系统所在地的自然地理状况、社会经济资料和实际调查观测等多种途径得到。

（2）计算能流平衡时，同一来源的能流只能计算一次，以避免重复计算。

主要参考文献

[1]　包维楷. 果粮间作模式生态系统能量输入输出特征研究[J]. 生态农业研究，1998，3（6）：50-54.

[2]　付荣恕，刘林德. 生态学实验教程[M]. 北京：科学出版社，2004.

[3]　胡建军，李洪. 美国 PARR6300 热值仪在能源植物热值测定中的应用[J]. 林业实用技术，2009，4：13-14.

[4]　江娟，孙蔚. 全自动热量计在固体废物热值测定中的应用[J]. 分析仪器，2004，4：46-47.

[5]　蓝盛芳，钦佩，陆宏芳. 生态经济系统能值分析[M]. 北京：化学工业出版社，2002.

[6]　林慧龙，任继周，傅华. 草地农业生态系统中的能值分析方法评介[J]. 草业科学，2005，14（4）：1-7.

[7]　林岚岚，李鸿宇. 森林枯枝落叶层的生态效能[J]. 林业勘察设计，2006（1）：63-65.

[8]　娄安如，牛翠娟. 基础生态学实验指导[M]. 北京：高等教育出版社，2005.

[9]　陆宏芳，蓝盛芳，陈飞鹏，等. 农业生态系统能量分析[J]. 应用生态学报，2004，15（1）：159-162.

[10]　陆启均，代冠军. 自动量热仪准确度的测定[J]. 安徽科技，2005，12：38.

[11]　骆世明. 农业生态学实验与实习指导[M]. 北京：中国农业出版社，2009.

[12]　苏永春，勾影波. 东北高寒地区麦田枯枝落叶分解的生态学特征的研究[J]. 生态学，2001，20（6）：12-15.

[13]　王光宇，胡永年. 农田物质循环平衡及其培肥途径研究[J]. 安徽农业科学，1995，23（3）：237-239.

[14]　王建林，王莉，包再德，等. 小麦/玉米间作生态系统能流参数研究[J]. 应用生态学报，2003，14（9）：1507-1511.

[15]　王启兰，姜文波. 青藏高原金露梅灌丛与矮嵩草草甸枯枝落叶的分解作用[J]. 草地学报，2001，9（2）：128-132.

[16]　杨曾奖，曾杰，徐大平，等. 森林枯枝落叶分解及其影响因素[J]. 生态环境，2007，16（2）：649-654.

[17]　姚生汉，王秋华，姚大庆，等. 有机茶茶农间作模式下经济流、能流状况的分析[J]. 农业环境与发展，1999，16（4）：34-38.

[18]　张银龙，王月菡，王亚超，等. 南京市典型森林群落枯枝落叶层的生态功能研究[J]. 生态与农村环境学报，2006，22（1）：11-14.

[19]　章家恩. 生态学常用实验研究方法与技术[M]. 北京：化学工业出版社，2007.

[20]　赵吉，邵玉琴，孔祥辉. 皇甫川地区枯枝落叶的分解及其对土壤生物环境的影响[J]. 农业环境保护，2002，21（6）：543-545.

第七章 景观生态学实验

景观生态学（Landscape Ecology）是研究在一个相当大的区域内，由许多不同生态系统所组成的整体（即景观）的空间结构、相互作用、协调功能及动态变化的一门生态学新分支领域。本章将主要围绕景观生态学所依托的 3S 技术，介绍 GPS 的使用、RS 影像判读、GIS 软件的应用等方面的实验。

实验二十七 GPS 的使用实验

一、实验目的

GPS 技术是景观生态学研究中的一项基本方法。通过本实验，要求学生掌握全球定位系统（Global Position System，GPS）的基本原理，熟悉 GPS 接收机的种类，了解 GPS 的组成，学会 GPS 接收机的使用方法，由此培养学生利用 GPS 开展相关研究的能力。

二、实验原理

GPS 系统由空间部分、地面监控部分及用户端组成。GPS 的空间部分由 21 颗工作卫星及 3 颗备用卫星组成，它们均匀分布在 6 个相对于赤道的倾角为 55°的近似圆形轨道面上。每个轨道面上有 4 颗卫星运行，它们距地面的平均高度为 20 200 km，当运行周期为 12 恒星时，GPS 卫星星座均匀覆盖着地球，可以保证地球上所有地点在任何时刻都能看到至少 4 颗 GPS 卫星。GPS 的地面监控部分由 1 个主控站、3 个注入站和 5 个监测站组成。其分布情况是，主控站设在美国本土科罗拉多·斯平士（Colorado.Spings）的联合空间执行中心 CSOC（Consdidated Space Operation Center）；3 个注入站分别设在大西洋的阿森松（Ascension）、印度洋的狄哥伽西亚（Diego Garcia）和太平洋的卡瓦加兰（Kwajalein）3 个美国空军基地上；5 个监测站，除 1 个单独设在夏威夷外，其余 4 个都分设在主控站和注入站上。GPS 用户接收部分的基本设备就是 GPS 信号接收机，其作用是接收、跟踪、变换和测量 GPS 卫星所发射的信号，以达到导航和定位的目的。

GPS 空间及地面监控系统，如图 7-1 所示。

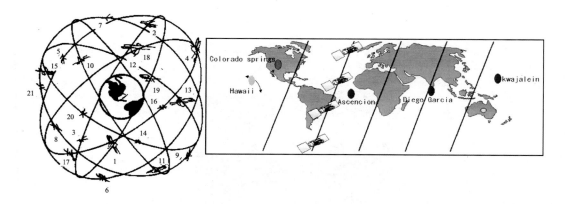

图 7-1 GPS 空间（左）及地面（右）支撑系统

GPS 的基本定位原理是以高速运动的卫星瞬间位置作为已知的起算数据，卫星不间断地发送自身的星历参数和时间信息，用户接收到这些信息后，采用空间距离后方交会的方法，计算求出接收机的三维位置、三维方向以及运动速度和时间信息。对于需定位的每一点来说，都包含有 4 个未知数，即该点三维地心坐标和卫星接收机的时钟差，故定位至少需要 4 颗卫星的观测来进行计算。GPS 定位原理，如图 7-2 所示。

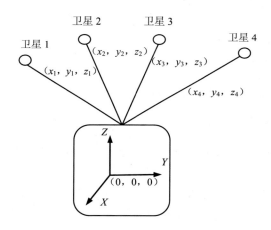

图 7-2 GPS 卫星定位原理

三、实验内容

GPS 卫星接收机种类很多，根据型号分为测地型、全站型、定时型、手持型、集成型；根据用途分为车载式、船载式、机载式、星载式、弹载式、手持型。在本实验中所涉及的主要是手持型 GPS。本实验的主要内容包括以下几方面：

（1）熟悉 GPS 接收机各个部件的功能；

（2）掌握 GPS 接收机上主页面的使用；

（3）学会用 GPS 接收机测定指定点的位置、高程、创建航线、测量航线距离以及测定特定航线所围区域的面积。

四、实验仪器与实验场地

手持 GARMINGPS72 接收机（以下简称 GPS72）（图 7-3），在户外开阔地（如操场、大草坪）进行。

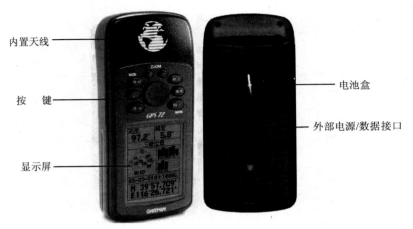

图 7-3 GPS72 接收机的结构

五、实验步骤

（一）熟悉 GPS72 各按键的功能

电源键：按住 2 s 开机或关机。按下即放开将打开调节亮度和对比度的窗口。

翻页键：循环显示 5 个主页面。

缩放键："+ −"：在地图页面放大缩小显示的地图范围。

导航键：用于开始或停止导航。按住 2 s，将会记录下当前位置，并立刻向这个位置导航。

退出键：反向循环显示 5 个主页面，或者终止某一操作退出到前一界面。

输入键：确认黑色光标所选择的选项功能。按住 2 s 将会存储当前的位置。

菜单键：打开当前页面的选项菜单。连续按下两次将打开主菜单。

方向键：键盘中央的圆形按键，用于上下左右移动黑色光标或者输入数据。

（二）GPS 接收机上主页面的使用

GPS72 共有 5 个主页面，分别是 GPS 信息页面、地图页面、罗盘导航页面、公路导航页面和当前航线页面。按翻页键或者退出键即可正向或反向循环显示这些页面。

（1）GPS 信息页面——可以显示当前的导航数据、定位状态、GPS 卫星分布图、卫星信号强度、日期和时间以及坐标等信息（图 7-4 a）。

（2）地图页面——可以显示导航数据、行走轨迹、保存的航点等信息，还进行测量距离的操作（图 7-4 b）。

（3）罗盘导航页面——可以显示导航数据、定位状态、以罗盘的形式表示出当前的行进方向和目标方位等信息（图 7-4 c）。

（4）公路导航页面——可以显示导航数据、定位状态、以公路的形式表示出当前的行进方向和目标的关系等信息（图 7-4 d）。

（5）当前航线页面——可以显示当前正在使用其导航的航线名称、航线上的各个航点，以及它们之间的距离、时间等信息（图 7-4 e）。

除上述 5 个主页面外，连续两次按下菜单键将打开主菜单页面，主菜单页面中包括了旅行计算机、航点、航线、航迹等各种信息，以及接收机的各种设置。

任何一个页面，都有关于此页面的选项菜单，其中包括了本页面的选项、设置或功能等内容，只要按下菜单键就可显示当前页面的选项菜单。某些选项或设置又分为几个子页面，可左右按动方向键在这些子页面之间进行切换。

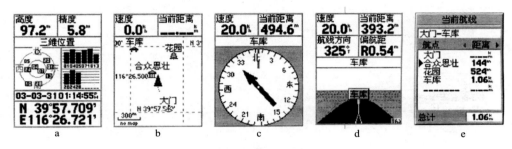

图 7-4　GPS72 接收机的主页面

（三）GPS 系统设置

了解了 GPS72 各按键的功能后，应首先对 GPS 系统进行设置。在一般情况下，用户可以根据个人的习惯对 GPS72 的工作方式进行设置，即连续两次按下菜单键打开主菜单页面，用方向键选择设置选项即可进行相关设置。GPS72 系统设置包括 6 个子页面，即：

（1）综合——GPS 工作模式、广域增强系统、背景光时间和声响。

（2）时间——时间格式、时区、夏时制、当前日期、当前时间和阴历日期。

（3）单位——高度、深度、距离和速度、温度、方向和速度过滤器。

（4）坐标——位置格式、坐标系统、北基准和磁偏角。

（5）警报——移锚警报、接近和到达警报、偏航警报、浅水警报和深水警报。

（6）接口——输入/输出格式。

（四）点、距离、面积测量

1. 点的测量

（1）开机。按住电源键并保持至开机，当有足够的卫星（至少为 3 颗或以上的卫星）被锁定时，接收机将计算出当前的位置。第一次使用大约需要 2 min 定位，以后将只需要 15～45 s 就可以定位。定位后，页面上部的状态栏中将显示"二维位置"或"三维位置"，页面下部将显示当前的坐标数值。

（2）保存当前位置。当 GPS72 完成定位后，可以让它记住任何一处的位置坐标。保存在机器中的位置点，称为"航点"（GPS72 约可存储 3 000 个航点）。在任何页面中，按住输入键 2 s，GPS72 都将立刻捕获当前的位置，并显示"标记航点"的页面。页面左上角的黑色方块是机器为航点所设定的默认图标，此外机器还会从数字 0001 开始为航点分配一个默认的名称（图 7-5a）。需要注意的是，接收机必须在"三维位置"的状态下才能保存当前位置的正确坐标。

（3）输入航点名。当需要为所测航点修改名称或编辑航点的属性时，可用方向键将光标移动到需要输入文字的输入框中（如以数字表示的航点名称），按下输入键，屏幕上即显示输入键盘，配合方向键与输入键，即可输出所需文字（图 7-5 b）。如果希望输入英文字符或数字，按下缩放键"+"或"—"即可将拼音键盘换成英文数字键盘。

2．距离的测量

（1）按点的测量方法保存若干航点。

（2）按下菜单键，打开地图页面的选项菜单，用方向键选择测量距离选项。

（3）用方向键将箭头移动到一个待测起点上，按下输入键确认，然后再将箭头移动到另外一个待测点上即可。两点之间的方位和距离将显示在地图上方（图 7-5 c）。

 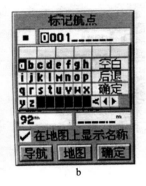 

图 7-5　航点标记与距离测量

3．面积的测量

（1）按点的测量方法保存若干航点。

（2）创建航线。在任何时候，连续两次按下菜单键进入主菜单页面，用方向键选择航线表，进入航线表页面；用方向键选择"新的"按钮，并按下输入键确认进入航线页面；按输入航点名的方法为航线命名（如果不输入名称，GPS 将会默认把航线首尾航点名称作为航线名称）；用方向键将光标移动到"航点"下面的空格，按下输入键打开航点列表，选择希望加入航线的航点。在输入完所有要使用的航点后，按退出键退出航线页面，即可看到新建的航线出现在航线表中。GPS72 可存储 50 条航线，每条航线可包含 50 个航点。

（3）计算面积。① 按下菜单键，打开当前航线页面的选项菜单，用方向键选择面积计算选项，即可自动计算出航线当前所围成的多边形面积（图 7-6 a）。② 按下菜单键进入主菜单页面，用方向键选择天文选项，再选择面积计算进入面积计算页面（图 7-6 b），按下输入键，即可沿待测区域的边界行进，当返回到起点时，再次按下输入键即得到待测区域的面积（图 7-6 c）。

图 7-6 面积测量

六、数据统计与结果分析

根据上述介绍的操作方法与步骤，分别在实验地进行不同点（至少观测 3 个点）的坐标测量、航线（至少观测 3 条航线）的距离测量和选定区域（至少选择 3 个区域）的面积测量。实验结束后，将实验结果填入表 7-1，并进行相关的分析。

表 7-1 利用 GPS 观测点、线、面的数据信息

时间：　　　　　　　　地点：

航点序号	航点位置	高程	测定时间
1			
2			
3			
航线序号	航线中的航点序号（由起点到终点）		航线距离
1			
2			
3			
区域序号	测定区域的航线序号		测定区域面积
1			
2			
3			

七、注意事项

（1）实验前，应做好充分的准备。任课教师结合仪器进行接收机性能、状态和功能讲授；使用仪器时，应按要求操作。

（2）当安装（或更换）电池时，应先将接收机后盖的金属 D 环轻轻扳起，将其逆时针旋转 90°，再将后盖拉出。当安装时，注意电池盒上标注的"＋"或"－"极性，不要将正负极装反。

（3）由于 GPS 接收机需要靠直接接收 GPS 卫星信号来提供导航信息，所在位置的天空可视情况将决定其进入导航状态的速度。此外，由于 GPS 信号不能穿过岩石、建筑、人群、金属等障碍物，如在有房顶的地方（让你看不到天空的地方）、有移动电视的地方、高压电线下、卫星接收器附近等，均很难接收到卫星信号。因此，使用 GPS 接收机时必须将接收机拿到室外开阔地点进行，且尽量将机器竖直放置，同时保证天线部分不受遮挡，并能够看到开阔的可视天空。

（4）在当前航线页面计算面积时，由于每条航线可包含 50 个航点，因此可计算 50 边形的面积。但要注意多边形的各边之间都不能有相交现象，否则需要调整航线中航点的顺序。

实验二十八　遥感影像的判读实验

一、实验目的

遥感技术是现代科学的重要研究手段之一，已在地学、生物学、环境科学、农学以及某些社会科学领域得到了广泛的应用，在经济建设和国防建设上发挥着越来越大的作用。目前，多时相多分辨率遥感数据被广泛地应用在景观生态学和全球生态学的研究中。遥感技术在生态学中的应用首先就是进行遥感影像的判读，即是对遥感影像进行土地利用分类或景观分类。设置本实验的目的是让学生在逐步学会遥感的信息获取、遥感图像处理（遥感影像合成、图像几何校正、数字增强、滤波变换、公式计算、数据融合等）的基础上，掌握遥感图像的景观分类方法及过程，并逐步培养解决实际问题的能力。

二、实验原理

（一）景观类型划分

参照国内外景观类型的划分系统，景观利用类型可分为七大类：①耕地；②草地；③林地；④水域；⑤居民用地；⑥交通用地；⑦未利用地（表 7-2）。

表 7-2　景观类型划分系统

名称	景观类型定义
耕地	包括水田、水浇地、旱地、菜地
林地	包括森林、灌木林地、疏林地、果园、未成林造林地等
草地	包括天然草地、改良草地、人工草地
水域	包括河流、湖泊、水库、坑塘、湿地、沟渠、滩涂等
居民用地	包括城镇、农村居民点、工矿企业等
交通用地	包括铁路、公路、农村道路、机场等
未利用地	包括荒山、盐碱地、沙荒地、沼泽地、裸岩、石砾地、其他难利用地等

（二）影像判读

"影像判读"（image interpretation）又称"图像解译"，"图像判释"，或"相片判读"（photo interpretation）。它是根据地面（包括水面）目标的成像规律和特征，运用人的实践经验与知识，根据应用的目的与要求，解释图像所具有的意义，从而从图像获取所需信息的基本过程。它以图像识别、图像量测所得到的信息为基础，通过演绎法或归纳法，从目标物的相互联系中解释图像或提取信息，因此，也被称为"图像分析"（image analysis）。

地物特征主要有光谱特征、空间特征和时间特征。不同地物的这些特征的不同，使其在图像上的表现形式也不同。各种地物的各种特征都以各自的形式（或样子、模式）表现在图像上。各种地物在图像上的各种特有的表现形式称为判读标志。但目前对遥感影像进行判读时大多还是用地物的光谱特征，空间特征和时间特征仅起辅助作用。

1．光谱特征及其判读标志

由于物体固有的结构特点，对于不同波长的电磁波有选择性的反射。另外，不同地物的反射率（或反射辐射能）随波长变化，其反射特征曲线的形状也不一样，即便在某波段相似，甚至一样，在另外的波段还是有很大的区别。正因为不同地物在不同波段有不同的反射率这一特性，物体的反射性曲线才作为判读和分类的物理基础，广泛地应用于遥感影像的分析和评价中。

2．空间特征及其判读标志

景观的各种几何形态就是其空间特征，这种空间特征在相片上也是由不同的色调表现出来的。它包括通常目视判读中应用的一些判读标志：形状、大小、图形、阴影、位置、纹理、类型等。

3．时间特征及其判读标志

对于同一地区景观的时间特征表现在不同时间地面覆盖类型不同，地面景观发生很大变化，如冬天冰雪覆盖、初春为露土、春夏为植物或树林枝叶覆盖、秋天植物凋零。生态景观的时间特征在图像上以光谱特征及空间特征的变化表现出来。

传统的遥感图像判读方法是目视判读法，这是一种人工提取信息的方法，依靠人工目视观察，借助一些光学仪器或在计算机显示屏幕上，凭借丰富的判读经验、扎实的专业知识和已有的相关资料，通过人脑的分析、推理和判断，提取有用的信息。除人工判读外，还有利用计算机的自动识别分类方法。计算机分类技术就是利用计算机，通过一定的数字方法（如统计学、图形学、模糊数学等）对地球表面及其环境在遥感图像上的信息进行属性的识别和分类，从而达到识别图像信息所对应的实际地物，提取所需地物信息的目的。计算机分类技术也称为自动判读，本实验主要采用此方法进行遥感影像的判读。

在计算机分类之前，往往要做些预处理，如校正、增强、滤波等，以突出目标地物特征或消除同一类型目标的不同部位因照射条件不同、地形变化、扫描观测角的不同而造成的亮度差异等。

常见的计算机图像分类方法有两种，即监督分类和非监督分类。监督分类，首先要从预分类的图像区域中选定一些训练样区，在这样的训练区中地物的类别是已知的，用它建立分类标准，然后计算机将按同样的标准对整个图像进行识别和分类，是一种由已知样本，外推未知区域类别的方法；非监督分类是一种无先验（已知）类别标准的分类方法，对于待研究的对象和区域，没有已知类别或训练样本作标准，而是利用图像数据本身能在特征测量空间中聚集成群的特点，先形成各个数据集，然后再核对这些数据集所代表的物体类别。与监督分类相比，非监督分类具有不需要对被研究的地区有事先的了解，对分类的结果与精度要求在相同的条件下，在时间和成本上较为节省等优点。但实际上，非监督分类没有监督分类的精度高，故监督分类使用的更为广泛。

最大似然法是监督分类最常用的方法之一，它是通过求出每个像元对于各类别归属概率，把该像元分到归属概率最大的类别中去的方法。本实验即以监督分类中的最大似然法为例，介绍遥感影像景观分类过程。

三、实验内容

遥感影像的计算判读涉及遥感影像处理软件的熟悉、影像处理及计算解译和分类。因此，本实验内容主要包括：

（1）ERDAS 软件的安装调试及选项设置，系统界面的构成和作用，学习并熟悉各模块的功能以及模块中各命令的功能，熟悉作业流程。

（2）了解遥感影像的几何校正，增强处理（包括修改直方图增强、反差增强、密度分割增强、边界增强、比值增强、滤波增强等）。

（3）利用遥感影像处理系统对影像采用监督分类中的最大似然法进行景观分类。

四、实验设备与区域选择

实验设备：TM 或 SPOT 遥感卫星影像图、遥感图像处理软件 ERDAS8.5、电脑数台。
实验区域：广州市白云区（也可选择自己所在的地区，获取 TM 影像）。

五、实验方法与步骤

（1）打开 ERDAS8.5 软件，进入 ERDAS 系统界面，点击窗口右侧的"Help"菜单，快速浏览。

（2）对遥感影像进行几何校正、增强处理。

（3）在 ERDAS 图标面板工具条上，点击 Viewer 图标＞File＞Open＞Raster Layer＞germtm.img，打开欲分类的广州市白云区的 TM 图像。

（4）在 ERDAS 图标面板工具条上，点击 Classifier 图标＞Classification＞Signature Editor，打开 Signature Editor 样本编辑器。

（5）在 Viewer 窗口点击 Raster 菜单下的 Tools 命令，或点击 Viewer 窗口工具条上的 图标，打开 Raster 工具面板，选择多边形绘制工具，在原始的 TM 影像上（germtm.img），勾画出已知景观类型的样本区域。

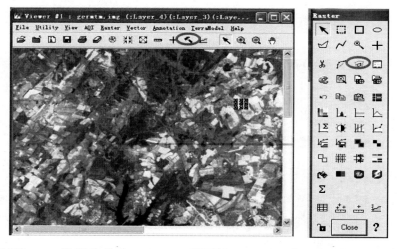

注意：步骤 4、5 的操作将在 Raster 工具面板、Viewer 窗口和 Signature Editor 样本编辑器三者之间交替进行。

（6）每勾画一个景观类型样本区域，即将其增加到 Signature Editor 中，修改样本名。重复上述步骤，直到所有的景观类型样本均建立完成。

Class #	Signature Name	Color	Red	Green	Blue	Value	Order	Count	Prob	P	I	H	A
1	水域1		0.000	0.000	0.000	1	1	3862	1.000	×		×	×
2	水域2		0.000	0.504	0.434	2	2	2095	1.000	×		×	×
3	林地1		0.444	0.231	0.220	3	3	15310	1.000	×		×	×
4	耕地1		0.280	0.339	0.309	4	4	816	1.000	×		×	×
5	耕地2		0.900	0.784	0.748	5	5	1468	1.000	×		×	×
6	居民地1		0.547	0.820	0.827	6	6	3248	1.000	×		×	×
7	居民地2		0.329	0.585	0.615	7	7	3353	1.000	×		×	×
8	草地1		0.446	0.054	0.122	8	8	873	1.000	×		×	×
9	林地2		0.173	0.088	0.120	9	9	347	1.000	×		×	×
10	交通用地1		0.066	0.405	0.438	10	10	881	1.000	×		×	×
11	未利用地1		1.000	0.974	0.914	11	11	169	1.000	×		×	×
12	未利用地2		0.947	1.000	0.946	12	12	549	1.000	×		×	×
13	林地3		0.443	0.342	0.324	13	13	14142	1.000	×		×	×

（7）当所有景观类型样本建立好后，在 Signature Editor 窗口菜单条单击 Save 或 Save As 命令，打开 Save Signature File As 对话框，输入要保存的样本名，如 Germtm.sig 等，同时若确定要保存所有样本则选中 All，确定只保存被选中样本则选中 Selected，点击"OK"，保存样本模板。

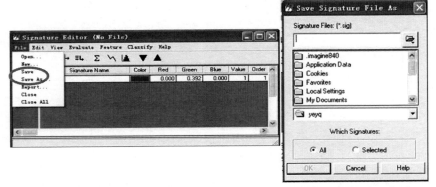

（8）在 ERDAS 图标面板工具条上，点击 Classifier 图标＞Classification＞Supervised Classification 命令，打开 Supervised Classification 对话框。

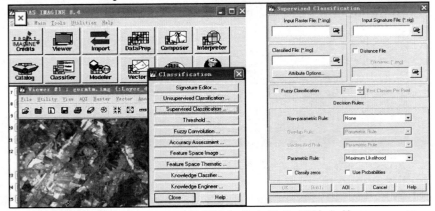

（9）在 Supervised Classification 对话框中确定输入原始文件 Import Raster File 为 Germtm.img，输出分类文件 Classified File 为 Germtem_superclass.img，分类模板 Import Signature File 为 Germtm.sig，选择非参数规则 Non-parametric Rule 为 Feature Space，选择参数规则 Parametric Rule 为 Maximun Likelihood，取消选中 Classify zeros 复选框（分类过程中是否包括 0 值）等。此外，在 Supervised Classification 对话框中，单击 Attribute Option 按钮，还可定义分类图的属性表项目，如 Minimum，Maximum，Mean，Std. Dev.，Low Limit，High Limit 等。

（10）点击"OK"，执行监督分类，得到景观类型图。

（11）执行监督分类后，需要对分类效果进行评价（Evaluate Classification），包括分类叠加（Classification Overlay）、定义阈值（Thresholding）、分类重编码（Recode Classes）和精度评估（Accuracy Assessment）等。具体操作是在 ERDAS 图标面板工具条，点击 Classifier 图标＞Classification 后，选择相应的评价方法（具体过程略）。

（12）在 Viewer 中同时打开原始 TM 图像及景观类型图像，执行 Viewer＞Utility＞Swipe，进行 Vertical 或 Horizontal 人工全面扫描检查，如发现明显错误要进行修改；如发现可疑地区，则标出 *x*、*y* 坐标，大体地理位置及方位等，再通过野外 GPS 测量验证可疑地区的景观类型，最后再修改。

六、数据统计与结果分析

对给定的一幅遥感卫星影像图进行景观分类，并制作景观类型图。

七、注意事项

（1）对于购买到的遥感影像，首先需要进行相关预处理后才能进行景观分类，包括图像分幅裁剪、图像拼接处理、图像几何校正、图像的空间增强、光谱增强、辐射增强等。

（2）由于监督分类是以光谱特征为基础，训练样本圈定的范围太大，则光谱信息混合太多，分类精度将下降。因此，当进行样本选择时，首先要对训练区地物（植被等）熟悉，多选择一些典型地物，且样本选择范围以小块为主。一般情况下，对平原地区，可以多边形来选取，对山区复杂地形，最好以点方式选取；而对每一类地物，整个图像区域选择要比较均匀，每一类至少 50 个以上，如果某类地物精度较低，可以把此类地物细分为两类，再进行重选取样本和重分类，最后再进行类的合并。

（3）无论是监督分类还是非监督分类，都是按照图像光谱特征进行聚类分析的，都存在一定的盲目性。因此，对获得的分类结果需要再进行一些处理工作，才能得到最终相对理想的分类结果，即需要对分类结果进行后处理。常用的分类后处理方法有聚类统计（Clump）、过滤分析（Sieve）、去除分析（Eliminate）、分类重编码（Recode Classes）等。

实验二十九　土地利用格局的景观生态指数计算与分析

一、实验目的

土地利用景观是自然界最普遍和最重要的景观类型之一，受自然环境的限制和人类活动的干预而发生变化。土地利用景观格局的变化分析是运用景观生态学的原理和方法，研究土地利用景观结构、演化特征及其主导驱动力，进而揭示区域人地相互作用的动态关系。在景观生态学中，常采用基于生态斑块单元计算的景观多样性指数、景观优势度指数、景观均匀度指数、景观破碎度指数等对土地利用空间格局进行量化分析。因此，一般将土地利用图斑类比于生态斑块，即可借鉴景观生态指数来研究土地利用格局的特征，从而描述土地利用格局。通过本实验，要求学生认识和理解常见的景观生态指数的基本内涵，学习应用 ERDAS、ArcGIS 与 Fragstates 软件相结合来计算和分析景观生态指数，掌握应用景观生态指数来分析现实土地利用景观格局及其指示的生态学内涵。

二、实验原理

景观生态指数是指能够高度浓缩景观格局信息，反映其结构组成和空间配置某些方面特征的简单定量指标。景观格局特征可在 3 个层次上分析：① 单个斑块（individual patch）；② 由若干单个斑块组成的斑块类型（patch type 或 class）；③ 包括若干斑块类型的整个景观镶嵌体（landscape mosaic）。因此，景观生态指数亦可相应地分为斑块水平指数（patch-level index）、斑块类型水平指数（class-level index）以及景观水平指数（landscape-level index）。斑块水平指数往往作为计算其他景观指数的基础，而其本身对了解整个景观结构并不具有很大的解释价值。然而，斑块水平指数提供的信息有时还是非常有用的。斑块水平指数包括与斑块面积、形状、边界特征以及距其他斑块远近有关的一系列简单指数。在斑块类型水平上，由于同一类型常常包括许多斑块，故可相应地计算一些统计学指标（如斑块的平均面积、平均形状指数、面积和形状指数标准差等）。此外，与斑块密度和空间相对位置有关的指数对描述和理解景观中不同类型斑块的格局特征很重要，例如，斑块密度（单位面积的斑块数目）、边界密度（单位面积的斑块边界数量）、斑块镶嵌体形状指数、平均最近邻体指数等。在景观水平上，除了以上各种斑块类型水平指数外，还可以计算各种多样性指数（如 Shannon-Weaver 多样性指数、Simpson 多样性指数、均匀度指数等）和聚集度指数。

三、实验内容

了解一些常用的景观生态指数的数学表达式和生态学内涵。

（一）斑块水平指数

1. 斑块周长（Patch Perimeter，P）

斑块周长也叫边界总长度（TP），是景观中所有斑块周长之和或边界总长度。取值范围：TP $\geq$ 0，无上限。

$$TP = P$$

2. 周长－面积比（Perimeter-Area Ratio，PA）

$$PA = \frac{P}{A}$$

3. 最大斑块指数（Largest Patch Index，LPI）

该指数可显示最大斑块对整个景观的影响程度。

$$LPI = \frac{\max(a_1, a_2, \cdots, a_n)}{A}$$

式中：P——斑块周长；

　　　A——景观斑块总面积；

　　$a_1, a_2, \cdots, a_n$——分别为整个景观中不同斑块的面积。

（二）斑块类型水平指数

1. 景观斑块数（Number of Patches）

景观斑块数可以反映景观空间结构的复杂性，一般包括景观斑块总数和单位面积上的景观斑块数两个方面，其中单位面积上的斑块数在一定程度上可以反映景观生态系统的破碎程度。

$$N = \sum_{i=1}^{n} N_i \ , \quad N_t = \frac{N}{A} = \frac{\sum_{i=1}^{n} N_i}{A}$$

式中：N_i——第 i 类景观的斑块数；

　　N——斑块总数；

　　n——景观数目；

　　N_t——单位面积上的斑块数；

　　A——景观斑块总面积。

2．平均斑块面积（Mean Patch Size）

$$MPS = \frac{A}{N}$$

式中：MPS——平均斑块面积；

　　A——区域景观总面积；

　　N——景观斑块总数。

3．斑块密度（Patch Density）

斑块密度也叫景观破碎度（fragmentation），是指景观被分割的破碎程度。随着景观破碎化的不断增加，适于生物生存的环境也将减少，从而直接影响到物种的繁殖、扩散、迁移和保护。此外，景观破碎度在一定程度上也反映了人类对景观的干扰程度。

$$PD = \frac{N}{A}$$

式中：PD——斑块密度；

　　A——区域景观总面积；

　　N——景观斑块总数。

4．分维数（Fractal Dimension Index）

分维或分维数可以直观地理解为不规则几何形状的非整数维数。而这些不规则的非欧几里得几何形状通称为分形（fractal）。对于单个斑块而言，其形状的复杂程度可以用它的分维数来量度，即：

$$P = kA^{F_d/2}, \quad 即 \ F_d = 2\ln\left(\frac{P}{k}\right) \Big/ \ln(A)$$

式中：P——斑块周长；

　　A——斑块面积；

　　k——常数，对于栅格景观而言，$k = 4$；

　　F_d——分维数，且满足 $1 \leqslant F_d \leqslant 2$。

一般来说，F_d 值越大，反映斑块的形状越复杂；当 $F_d = 1$ 时，斑块形状为简单的欧几里得正方形。

（三）景观水平指数

1．斑块形状指数（Patch Shape Index）

一般而言，斑块形状指数通常是经过某种数学转化的斑块边长与面积之比。结构最紧凑而又简单的几何形状（如圆或正方形）常用来标准化边长与面积之比，从而使其具有可比性。具体地讲，斑块形状指数是通过计算某一形状与相同面积的圆或正方形之间的偏离程度来测量其形状的复杂程度。常见的斑块形状指数（S）有两种形式：

$$S = \frac{P}{2\sqrt{\pi A}} \quad （以圆为参照几何形状）$$

$$S = \frac{0.25P}{\sqrt{A}} \quad （以正方形为参照几何形状）$$

式中：P——斑块周长；

A——斑块面积。

当斑块形状为圆形时，以圆为参照几何形状公式的取值最小，等于 1；当斑块形状为正方形时，以正方形为参照几何形状公式的取值最小，等于 1。由此可见，斑块的形状越复杂或越扁长，S 的值就越大。

2. 景观丰富度指数（Landscape Richness Index）

景观丰富度 R 是指景观中斑块类型的总数，即：

$$R = m$$

式中：m——景观中斑块类型数目。

在比较不同景观时，相对丰富度（relative richness）和丰富度密度（richness density）更为适宜，即：

$$R_r = \frac{m}{m_{\max}} \text{ 和 } R_d = \frac{m}{A}$$

式中：R_r 和 R_d——分别表示相对丰富度和丰富度密度；

$m_{\max}$——景观中斑块类型数的最大值；

A——景观总面积。

3. 景观多样性指数（Landscape Diversity Index）

多样性指数 H 是基于信息论基础之上，用来度量景观系统结构组成复杂程度的一些指数。常用的包括以下两种。

① Shannon-Weaver 多样性指数（亦称 Shannon-Wiener 指数或 Shannon 多样性指数）：

$$H = -\sum_{k=1}^{n} P_k \ln(P_k)$$

式中：P_k——斑块类型 k 在景观中出现的概率（通常以该类型占有的栅格细胞数或象元数占景观栅格细胞总数的比例来估算）；

n——景观中斑块类型的总数。

② Simpson 多样性指数：

$$H = 1 - \sum_{k=1}^{n} P_k^2$$

式中，各字母的含义同前。

多样性指数的大小取决于两个方面的信息：一是斑块类型的多少（即丰富度）；二是各斑块类型在面积上分布的均匀程度。对于给定的 n，当各类斑块的面积比例相同时（即

$P_k=1/n$），H 达到最大值。此时，最大的 Shannon-Weaver 多样性指数为 $H_{max}=\ln(n)$，最大的 Simpson 多样性指数为 $H'_{max}=1-(1/n)$。通常，随着 H 的增加，景观结构组成的复杂性也趋于增加。

4．景观优势度指数（landscape dominance index）

优势度指数 D 是多样性指数的最大值与实际计算值之差。其表达式为：

$$D = H_{max} + \sum_{k=1}^{m} P_k \ln(P_k)$$

式中：H_{max}——多样性指数的最大值；

　　　P_k——斑块类型 k 在景观中出现的概率；

　　　m——景观中斑块类型的总数。

通常，较大的 D 值对应于一个或少数几个斑块类型占主导地位的景观。

5．景观均匀度指数（landscape evenness index）

均匀度指数（E）反映景观中各斑块在面积上分布的均匀程度，通常以多样性指数和其最大值的比来表示。以 Shannon 多样性指数为例，均匀程度可表达为：

$$E = \frac{H}{H_{max}} = \frac{-\sum_{k=1}^{n} P_k \ln P_k}{\ln(n)}$$

式中：H——Shannon 多样性指数；

　　　H_{max}——其最大值。

显然，当 E 趋于 1 时，景观斑块分布的均匀程度亦趋于最大。

6．景观形状指数（landscape shape index）

景观形状指数 LSI 与斑块形状指数相似，只是将计算尺度从单个斑块上升到整个景观而已。其表达式如下：

$$LSI = \frac{0.25E}{\sqrt{A}}$$

式中：E——景观中所有斑块边界的总长度；

　　　A——景观总面积。

当景观中斑块形状不规则或偏离正方形时，LSI 增大。

四、实验材料与仪器设备

同一地区不同年代的两幅遥感卫星影像图或土地利用现状图；遥感图像处理软件 ERDAS8.5、GIS 软件 Arcview3.2 或 ArcGIS9.2（本实验主要以 ArcGIS9.2 为例）、景观生态指数计算软件 Fragstats3.3、电脑数台。

五、实验步骤

（1）对遥感影像图，参照实验二十八中的方法将两幅遥感卫星影像图通过软件 ERDAS8.5 获取景观类型图；对土地利用现状图，则通过扫描、ArcGIS 数字化获取景观类型图。将获取的景观类型图存储为 Shape 格式的矢量数据，分别命名为 Land1.shp 和 Land2.shp。

（2）打开 ArcGIS9.3 软件，添加文件名为 Land1.shp 的图层并激活，点击工具栏中的 Spatial Analyst 命令后依次点击 Convert＞Features to Raster，打开 Features to Raster 窗口，在 Input features 中选择 Land1.shp 文件，同时将 Output grid cell size 改为 100（输出栅格图像的分辨率），选择合适的路径，输出文件名为 Gridland1，点击"OK"，即将文件 Land1.shp 的矢量数据转换为栅格数据。

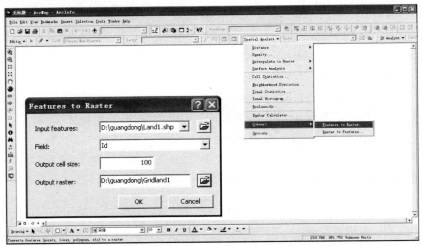

（3）重复步骤（2），将文件 Land2.shp 转换为栅格数据，并命名为"Gridland2"。

（4）打开 Fragstats3.3 软件，出现 Fragstats 软件界面，点击窗口右侧的"Help"菜单，快速浏览。

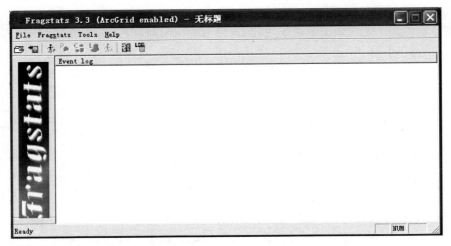

（5）在 Fragstats 软件界面点击 Fragstats 菜单下的 Set Run Parameters 选项，出现 Set Parameters 窗口，在 Import Data Type 框中点击 Arc grid，点击 Grid name，选择 Gridland1 文件，点击"打开"。点击 Output file，选择合适路径，保存文件名为 Land1 result；将 Output Statistics 框中的所有项选中，点击"OK"。

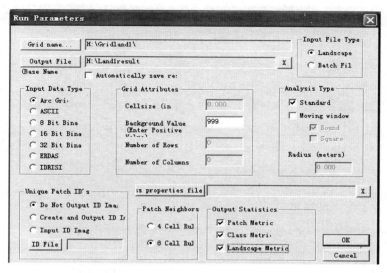

（6）点击 Fragstats 菜单下的 Select Patch Metrics 项，出现 Patch Metrics 窗口，选中 Area/Perimeter 下的 Patch Area，Patch Perimeter 项，再选中 Shape 下的 Perimeter-Area Ratio，Shape-Index 以及 Fractal Dimension Index。点击"确定"（注意，在你选择的每个计算指标的旁边括号内是该指标的缩写字母，在运行的结果中以该字母表示，记录下来以便读解运行结果）。

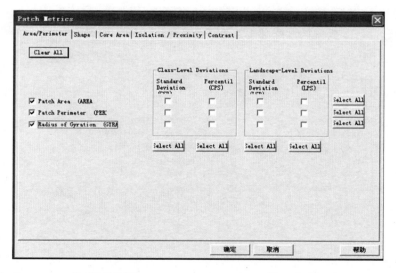

（7）点击"Fragstats"菜单下的 Select Class Metrics 项，出现 Class Metrics 窗口，选中 Area/Density/Edge 下的 Total Area，Percentage of Landscape，Number of Patches，Patch Density，Largest Patch Index；选中 Shape 下 Distribution Statistics 中 Fractal Dimension Index 下的 Mean 项。点击"确定"。

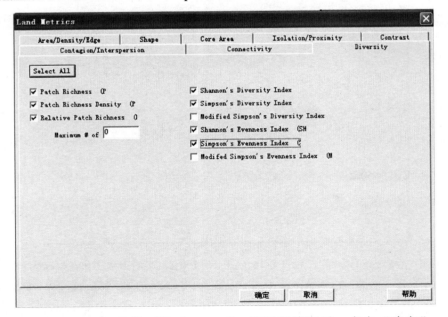

（8）点击 Fragstats 菜单下的 Select Land Metrics 项，出现 Land Metrics 窗口，选中 Area/Density/Edge 下的 Total Area，Number of Patches，Patch Density，Landscape Shape Index；选中 Shape 下 Distribution Statistics 中 Fractal Dimension Index 下的 Mean 选项；选中 Diversity 下的 Patch Richness，Patch Richness Density，Shannon's Diversity Index，Simpson's Diversity Index，Shannon's Evenness Index，Simpson's Evenness Index。点击"确定"。

（9）点击"Fragstats"菜单下的"Excute"。待运行结束后，点击"确定"。

（10）点击"Tools"下的"Browse results"，分别查看"Patch"，"Class"，"Land"下的结果，点击窗口右侧的"Save run as"，然后点击"保存"。这样即可在选择保存的目录下，以记事本格式打开 Land1 result.patch，Land1 result.class，Land1 result.land 查看运行结果了。

（11）重复步骤（5）～（10），计算 Land2 的景观生态指数。

六、数据统计与结果分析

根据计算机软件的运算结果，填写下列表格，并根据计算得到的景观生态指数，对所研究区域的土地利用格局的特征进行分析和景观生态学解译。

（1）斑块水平（Patch level）运行结果。

景观生态指标	Land1	Land2
Patch Area		
Patch Perimeter		
Perimeter-Area Ratio		
Largest Patch Index		

（2）斑块类型水平（Class level）运行结果。

景观生态指标	Land1	Land2
Total Area		
Percentage of Landscape		
Number of Patches		
Patch Density		
Fractal Dimension Index		

（3）景观水平（Landscape level）运行结果。

景观生态指标	Land1	Land2
Total Area		
Number of Patches		
Landscape Do minance Index		
Landscape Richness Index		
Landscape Evenness Index		
Landscape Shape Index		
Shannon's Diversity Index		
Simpson's Diversity Index		
Shannon's Evenness Index		
Simpson's Evenness Index		

七、注意事项

景观生态指数的有效性不仅与尺度、数据源准确度等有关，同时也与景观类型的划分有关，即同一景观采用不同的景观分类方案将会产生不同的景观格局，从而导致景观生态指数相应发生变化。因此，在实际工作中，应尽可能采用同一尺度的数据源、遥感图像解译或数字化过程中尽可能减小容错率等，以此提高景观生态指数计算结果的可信度以及生态学上的可解释性和可比性。

主要参考文献

[1]　党安荣，等. ERDAS IMAGINE 遥感图像处理方法[M]. 北京：清华大学出版社，2004.

[2]　邓良基. 遥感基础与应用[M]. 北京：中国农业出版社，2003.

[3]　郭丽英，王道龙，邱建军. 环渤海区域土地利用景观格局变化分析[J]. 资源科学，2009，31（12）：2144-2149.

[4]　刘大杰，施一民，过静珺. 全球定位系统（GPS）的原理与数据处理[M]. 上海：同济大学出版社，2003.

[5]　刘慧平，秦其明. 遥感实习教程[M]. 北京：高等教育出版社，2001.

[6]　刘基余. GPS 卫星导航定位原理与方法[M]. 北京：科学出版社，2003.

[7]　刘耀林，焦利民. 顾及尺度效应和景观格局的土地利用数据综合指标研究[J]. 测绘学报，2009，38（6）：549-555.

[8]　彭建，王仰麟，张源，等. 土地利用分类对景观格局指数的影响[J]. 地理学报，2006，61（2）：157-168.

[9]　王惠南. GPS 导航原理与应用[M]. 北京：科学出版社，2003.

[10]　邬建国. 景观生态学——格局、过程、尺度与等级，2 版[M]. 北京：高等教育出版社，2001.

[11]　徐绍铨. GPS 测量原理及应用[M]. 武汉：武汉大学出版社，2003.

[12]　赵英时，等. 遥感应用分析原理与方法[M]. 北京：科学出版社，2003.

第八章　生态学的基础实验

生态学研究除了与个体、种群、群落、生态系统、景观等不同尺度和生态因子相关的实验方法外，通常还要用到相关学科领域（如植物学、动物学、微生物学、土壤学、环境学等）的实验研究方法，如植物养分、土壤养分和水体养分含量等的测定、微生物和动物的种类与数量检测、环境污染物的分析检测、土壤温室气体排放的测定等方法。为此，本章将围绕上述内容介绍一些相关的生态学基础实验。

实验三十　植物中主要养分含量的测定

植物中的常量元素通常包括氮、磷、钾、钙、镁和硫，在确定土壤养分的供应状况、诊断作物的营养水平和施肥效应及肥料利用率等的时候均离不开测定其中一种或几种元素，特别是氮、磷和钾三要素的含量。因此，本实验只介绍测定植物中主要养分氮、磷和钾含量的方法。植物体内的氮主要以蛋白质、氨基酸等有机氮的形式存在于植物组织中，磷主要以磷酯、核酸等有机态存在，而植物体内的钾几乎都以无机离子态存在。

植物中氮、磷、钾的测定包括待测液的制备和氮磷钾的定量测定两大步骤。本实验介绍 H_2SO_4—H_2O_2 消煮法制备待测液，可用同一份消煮液分别测定氮、磷、钾元素的含量。

一、植物样品的消煮（H_2SO_4—H_2O_2 快速消煮法）

（一）方法原理

植物中的氮、磷大多数以有机态存在，钾以离子态存在。样品经浓 H_2SO_4 和氧化剂 H_2O_2 消煮，有机物被氧化分解，有机氮和有机磷转化成铵盐和磷酸盐，钾也被全部释出。本法采用 H_2O_2 加速消煮剂，消煮液经定容后，可用于氮、磷、钾等元素的定量分析。

（二）仪器设备

分析天平、多功能快速消化炉、消煮管、容量瓶等。

（三）试剂

（1）硫酸（化学纯、密度 1.84 g/mL）；
（2）30% H_2O_2（分析纯）。

（四）操作步骤

（1）称取磨细烘干的植物样品（过 0.25～0.5 mm 筛）0.3～0.5 g（称准至 0.000 2 g），放入 100 mL 消煮管中（同时做空白试验，以校正试剂和方法误差）。

（2）向消煮管中加 1 mL 水润湿，再加入 4 mL 浓 H_2SO_4 摇匀，分两次各加入 H_2O_2 2 mL，每次加入后均摇匀。

（3）待激烈反应结束后，将消煮管置于多功能快速消化炉电炉上，保持 360℃加热消煮 10 min。

（4）关闭消煮炉，待冷却至消煮管不烫手，加入 H_2O_2 2 mL，继续 360℃加热消煮约 10 min。

（5）关闭消煮炉，冷却，再加入 H_2O_2 2 mL 于 360℃加热消煮，如此反复，直至溶液呈无色或清亮。

（6）继续 360℃加热 10 min，以除尽剩余的 H_2O_2。

（7）关闭消煮炉，冷却，取下消煮管用蒸馏水将消煮液完全转移入 100 mL 容量瓶中，定容。

二、植物全氮含量的测定（奈氏比色法）

（一）方法原理

采用奈氏比色法测定植物样品消煮液中氮含量的原理是，由于待测液中的铵在 pH=11 的碱性条件下，与奈氏试剂作用生成橘黄色配合物，在波长 420 nm 条件下比色，根据一系列 N 标准溶液的显色情况（绘制标准曲线），计算出样品中的氮含量。

（二）仪器设备

分析天平、烧杯、容量瓶、试剂瓶、分光光度计。

（三）试剂

（1）酒石酸钠溶液（100 g/L）：称 100 g 酒石酸钠，用蒸馏水定容至 1 000 mL。

（2）KOH 溶液（100 g/L）：称 100 g KOH，用蒸馏水定容至 1 000 mL。

（3）奈氏试剂：溶解 HgI_2 45.0 g 和 KI 35.0 g 于少量蒸馏水中，将此溶液洗入 1 000 mL 容量瓶中，加入 KOH 112 g，加蒸馏水至 800 mL，摇匀，冷却后定容。放置数日后，过滤或将上清液吸入棕色瓶中备用。

（4）100 μg/mL N（NH_4^+-N）标准储存液：称取 0.381 7 g NH_4Cl（预先干燥并已质量恒定），溶于蒸馏水中，转入 1 000 mL 容量瓶中，定容至 1 000 mL。

（5）10 μg/mL N（NH_4^+-N）标准溶液：吸 10 mL N 标准储存液（100 μg/mL），用蒸馏水定容至 100 mL。

（四）操作步骤

（1）吸取消煮后的空白及样品 1 mL 于 50 mL 烧杯中，加酒石酸钠溶液 2 mL，充分摇匀，以酚酞作指示剂 2 滴，用 KOH 滴定中和，记录各样品和空白所需 KOH 的毫升数。

（2）吸取消煮后的空白及样品 1 mL 于 50 mL 容量瓶中，加酒石酸钠溶液 2 mL，充分摇匀，加一定体积的 KOH（KOH 的加入量由上述滴定确定），加水至约 40 mL，加奈氏试剂 2.5 mL，摇匀，定容至 50 mL，摇匀。30 min 后，在 420 nm 处比色（空白消煮液显色后用于调零），读取吸光度。

（3）分别吸 10 μg/mL N（NH_4^+-N）标准溶液 0 mL、2.5 mL、5 mL、7.5 mL、10 mL、12.5 mL 于 50 mL 容量瓶中，显色步骤同上述样品测定。此标准系列浓度分别为 0 μg/mL、0.5 μg/mL、1.0 μg/mL、1.5 μg/mL、2.0 μg/mL、2.5 μg/mL N（NH_4^+-N），在 420 nm 波长处比色，分别读取吸光度。

（五）结果计算与分析

$$N（\%）= \rho \cdot V \cdot ts \times 10^{-4}/m$$

式中：ρ ——从标准曲线查得显色液 N（NH_4^+-N）的质量浓度，μg/mL；

$\qquad$ V ——显色液体积，mL；

$\qquad$ ts ——分取倍数，等于消煮液定容体积/吸取消煮液体积，mL/mL；

$\qquad$ m ——取样量，g。

三、植物全磷含量的测定（钒钼黄比色法）

（一）方法原理

采用钒钼黄比色法测定植物样品消煮液中磷含量的原理是，由于待测液中的正磷酸与偏钒酸和钼酸能生成黄色的三元杂多酸，其吸光度与磷浓度成正比，可在波长 440 nm 处用吸光光度法测定磷。

（二）仪器设备

分析天平、烧杯、容量瓶、试剂瓶、分光光度计等。

（三）试剂

（1）钒钼酸铵溶液：25.0 g 钼酸铵 [(NH4)6Mo7O24·4H2O 分析纯] 溶于 400 mL 水中，另将 1.25 g 偏钒酸铵（NH4VO3，分析纯）溶于 300 mL 沸水中，冷却后加入 250 mL 浓 HNO3（分析纯）。将钼酸铵溶液缓缓注入钒酸铵溶液中，不断搅匀，最后加水稀释到 1 000 mL，贮入棕色瓶中。

（2）6 mol/L NaOH 溶液：24 g NaOH 溶于水，稀释至 100 mL。

（3）二硝基酚指示剂：0.2 g 2,6-二硝基酚或 2,4-二硝基酚溶于 100 mL 水中。

（4）50 μg/mL 磷标准液：0.219 5 g 干燥的 KH2PO4（分析纯）溶于水，加入 5 mL 浓 HNO3，于 1 000 mL 容量瓶中定容。

（四）操作步骤

（1）吸取定容后的消煮液 10.00 mL（含磷 0.05～0.75 mg）放入 50 mL 容量瓶中，加 2

滴二硝基酚指示剂，滴加 6 mol/L NaOH 中和至刚呈黄色，加入 10.00 mL 钒钼酸铵试剂，用水定容。15 min 后在波长 440 mm 处比色，读取吸光度。以空白溶液（空白试验消煮液按上述步骤显色）调节仪器零点。

（2）准确吸取 50 µg/mL P 标准液 0 mL、1 mL、2.5 mL、5 mL、7.5 mL、10 mL、15 mL 分别放入 50 mL 容量瓶中，按上述步骤显色，即得 0 µg/mL、1.0 µg/mL、2.5 µg/mL、5.0 µg/mL、7.5 µg/mL、10 µg/mL、15 µg/mL P 的标准系列溶液，与待测液一起测定，读取吸光度。

（五）结果计算与分析

$$P（\%）= \rho \cdot V \cdot ts \times 10^{-4}/m$$

式中：ρ ——从标准曲线查得显色液 P 的质量浓度，µg/mL；

V ——显色液体积，mL；

ts ——分取倍数，等于消煮液定容体积/吸取消煮液体积，mL/mL；

m ——取样量，g。

四、植物全钾含量的测定（火焰光度法）

（一）方法原理

植物样品经消煮或浸提，并经稀释后，待测液中的 K 可用火焰光度法测定。

（二）仪器设备

分析天平、烧杯、容量瓶、塑料瓶、火焰光度计等。

（三）试剂

100 µg/mL K 标准溶液：0.190 7 g KCl（分析纯，在 105～110℃干燥 2 h），溶于水，于 1 000 mL 容量瓶中定容，存于塑料瓶中。

（四）操作步骤

（1）吸取定容后的消煮液 5.00 mL 放入 50 mL 容量瓶中，用水定容。直接在火焰光度计上测定，读取检流计读数。

（2）准确吸取 100 µg/mL K 标准溶液 0 mL、0.5 mL、1.0 mL、2.5 mL、5.0 mL、10 mL、20 mL，分别放入 50 mL 容量瓶中，加入定容后的空白消煮液 5 mL（使标准溶液中的离子成分和待测液相近），加水定容，即得 0 µg/mL、1 µg/mL、2 µg/mL、5 µg/mL、10 µg/mL、20 µg/mL、40 µg/mL K 的标准系列溶液。以浓度最高的标准溶液定火焰光度计检流计的满度（一般只定到 90），然后从稀到浓依次进行测定，记录检流计读数，以检流计读数为纵坐标绘制标准曲线。

（五）结果计算与分析

$$K（\%）= \rho \cdot V \cdot ts \times 10^{-4}/m$$

式中：ρ ——从标准曲线求得的测读液中 K 的质量浓度，μg/mL；

　　　V ——测读数定容体积，mL；

　　　ts ——分取倍数，等于消煮液定容体积/吸取消煮液体积，mL/mL；

　　　m ——取样量，g。

实验三十一　土壤中主要养分含量的测定

本实验主要介绍测定土壤中有机质、水解性氮、速效磷和速效钾含量的方法。土壤的有机质含量通常作为土壤肥力水平高低的一个重要指标，它不仅是土壤各种养分特别是氮、磷的重要来源，并对土壤的结构、保肥性能和缓冲性能等有着积极影响。土壤水解性氮，包括矿质态氮和有机态氮中比较易于分解的部分，其测定结果与作物氮素吸收有较好的相关性；了解土壤中速效磷和速效钾的含量，对指导合理施肥提供重要依据。

一、土壤有机质含量的测定（重铬酸钾容量—外加热法）

（一）方法原理

在加热的条件下，用过量的重铬酸钾—硫酸（$K_2Cr_2O_7-H_2SO_4$）溶液，来氧化土壤有机质中的碳，$Cr_2O_7^{-2}$ 等被还原成 Cr^{+3}，剩余的重铬酸钾（$K_2Cr_2O_7$）用硫酸亚铁（$FeSO_4$）标准溶液滴定，根据消耗的重铬酸钾量计算出有机碳量，再乘以常数 1.724，即为土壤有机质量。

（1）重铬酸钾—硫酸溶液与有机质的化学反应为：

$$2K_2Cr_2O_7+3C+8H_2SO_4=2K_2SO_4+2Cr_2(SO_4)_3+3CO_2\uparrow+8H_2O$$

（2）硫酸亚铁滴定剩余重铬酸钾的化学反应为：

$$K_2Cr_2O_7+6FeSO_4+7H_2SO_4=K_2SO_4+Cr_2(SO_4)_3+3Fe_2(SO_4)_3+7H_2O$$

（二）仪器设备

分析天平、硬质试管、油浴锅、铁丝笼、移液管、温度计、滴定管、三角瓶、漏斗、量筒、角匙、滴定台、试管夹、吸耳球、试剂瓶。

（三）试剂

（1）0.800 0 mol/L $K_2Cr_2O_7$ 标准溶液：称取经 130℃烘干的重铬酸钾（$K_2Cr_2O_7$，分析纯）39.224 5 g 溶于水中，定容于 1 000 mL 容量瓶中。

（2）H_2SO_4（分析纯）。

（3）0.2 mol/L $FeSO_4$ 溶液：称取硫酸亚铁（$FeSO_4·7H_2O$，分析纯）56.00 g 溶于水中，加浓硫酸 5 mL，稀释至 1 000 mL。

（4）邻菲罗啉指示剂：称取邻菲罗啉（分析纯）1.485 g 与 $FeSO_4·7H_2O$ 0.695 g，溶于

100 mL 水中。

（5）SiO₂（分析纯）：粉末状。

（四）操作步骤

（1）在分析天平上准确称取通过 100 目（0.149 mm）筛孔的风干土壤样品 0.1～1 g（精确到 0.000 1 g），放入干燥的硬质试管中，用移液管缓缓准确加入 0.800 0 mol/L 重铬酸钾（$K_2Cr_2O_7$）溶液 5 mL，再加入 5 mL 浓硫酸，充分摇匀，然后在试管口加一小漏斗。

（2）预先将油浴锅加热至 185～190℃，将试管放入铁丝笼中，然后将铁丝笼放入油浴锅中加热，放入后温度应控制在 170～180℃，待试管中液体沸腾发生气泡开始计时，煮沸 5 min，取出试管，稍冷，擦净试管外部油液。

（3）冷却后，将试管中的内容物小心仔细地全部洗入 250 mL 的三角瓶中，使瓶内总体积在 60～70 mL，此时溶液的颜色应为橙黄色或淡黄色。

（4）加邻菲罗啉指示剂 3 滴，用 0.2 mol/L 的标准硫酸亚铁（$FeSO_4$）溶液滴定，溶液的变色过程中由橙黄→蓝绿→砖红色即为终点。

（5）在测定样品的同时必须做两个空白试验，取其平均值。可用石英砂代替样品，其他过程同上。

（五）结果计算与分析

$$土壤有机质（g/kg）= [（0.800\ 0×5×（V_0-V）×10^{-3}×3.0×1.724×1.1/V_0）] ×1\ 000/m$$

式中：0.800 0 ——0.800 0 mol/L $K_2Cr_2O_7$ 溶液的浓度；

   5 ——重铬酸钾溶液加入的体积，mL；

   V_0 ——空白滴定用去 $FeSO_4$ 体积，mL；

   V ——样品滴定用去 $FeSO_4$ 体积，mL；

   3.0 ——1/4 碳原子的摩尔质量，mol/L；

   1.1 ——氧化校正系数；

   m ——折算后的烘干土样质量，g；

   1.724 ——土壤有机碳换成土壤有机质的平均换算系数。

二、土壤水解性氮含量的测定（碱解扩散法）

（一）方法原理

在密封的扩散皿中，用 1.0 mol/L 氢氧化钠（NaOH）溶液水解土壤样品，在恒温条件下使有效氮碱解转化为氨气状态，并不断地扩散逸出，由硼酸（H_3BO_3）吸收，再用标准酸滴定，进而计算出土壤水解性氮的含量。

（二）仪器设备

烧杯、容量瓶、试剂瓶、扩散皿、微量滴定管、分析天平、恒温箱、玻璃棒、毛玻璃、皮筋、移液管。

（三）试剂

（1）1.0 mol/L 氢氧化钠溶液：称取化学纯氢氧化钠 40 g，用蒸馏水溶解后冷却定容到 1 000 mL。

（2）甲基红-溴甲酚绿指示剂混合指示剂：称取 0.1 g 甲基红和 0.5 g 溴甲酚绿溶于 100 mL 乙醇中。

（3）20 g/L 硼酸-指示剂溶液：称取 20 g 硼酸，用热蒸馏水（约 60℃）溶解，冷却后稀释至 1 000 mL，每升硼酸溶液中加入甲基红-溴甲酚绿指示剂混合指示剂 5 mL，用稀盐酸或稀氢氧化钠调节至微紫红色，此时该溶液的 pH 为 4.8。此试剂宜现配，不宜久放。

（4）0.01 mol/L 硫酸标准溶液：量取 H_2SO_4 0.66 mL，加蒸馏水稀释至 1 000 mL，然后用标准碱或硼酸标定，此为 0.02 mol/L 硫酸标准溶液，再将此标准液准确稀释 2 倍，即得 0.01 mol/L 硫酸标准溶液。

（5）碱性胶液：取阿拉伯胶 40 g 和水 50 mL 在烧杯中热温至 70～80℃，搅拌促溶，约 1 h 后放冷。加入甘油 20 mL 和饱和碳酸钾水溶液 20 mL，搅拌，放冷。

（四）操作步骤

（1）称取通过 18 号筛（孔径 1 mm）风干样品 2 g（精确到 0.001 g），均匀铺在扩散皿外室内，水平地轻轻旋转扩散皿，使样品铺平。

（2）用移液管吸取硼酸-指示剂溶液 2 mL，加入扩散皿内室，然后在皿的外室边缘涂上碱性胶液，盖上毛玻璃，并旋转数次，以便毛玻璃与皿边完全黏合，再慢慢转开毛玻璃的一边，使扩散皿露出一条狭缝，迅速用移液管加入 1.0 mol/L 氢氧化钠溶液 10 mL 于扩散皿的外室，立即用毛玻璃盖严。

（3）水平轻轻旋转扩散皿，使碱溶液与土壤充分混合均匀，用橡皮筋固定，贴上标签，随后放入 40℃恒温箱中。24 h 后取出，再以 0.01 mol/L 硫酸标准溶液用微量滴定管滴定内室所吸收的氮量，溶液由蓝色滴至微红色为终点，记下硫酸用量毫升数 V。同时要做空白试验，滴定所用盐酸量为 V_0。

（五）结果计算与分析

$$水解性氮（mg/kg）= 0.01×（V–V_0）×14×1\,000/m$$

式中：0.01 ——0.01 mol/L 标准溶液的浓度；

　　　V ——滴定样品时所用去硫酸标准溶液体积，mL；

　　　V_0 ——空白试验所消耗的硫酸标准溶液体积，mL；

　　　14 ——氮原子的摩尔质量，g/mol；

　　　m ——折算后的烘干土样质量，g。

三、土壤速效磷含量的测定（碳酸氢钠法）

（一）方法原理

石灰性土壤由于大量游离碳酸钙存在，不能用酸溶液来提取速效磷，可用碳酸盐的碱溶液（如碳酸氢钠溶液）。由于碳酸根的同离子效应，碳酸盐的碱溶液降低碳酸钙的溶解度，也就降低了溶液中钙的浓度，这样就有利于磷酸钙盐的提取。同时，由于碳酸盐的碱溶液也降低了铝和铁离子的活性，有利于磷酸铝和磷酸铁的提取。此外，碳酸氢钠碱溶液中存在着 OH^-、HCO_3^-、CO_3^{2-} 等阴离子有利于吸附态磷的交换，因此，碳酸氢钠不仅适用于石灰性土壤，也适用于中性和酸性土壤中速效磷的提取。

待测液用钼锑抗混合显色剂在常温下进行还原，使黄色的锑磷钼杂多酸还原成为磷钼蓝进行比色。

（二）仪器设备

烧杯、容量瓶、试剂瓶、往复振荡机、电子天平、分光光度计、三角瓶、移液管、吸耳球、漏斗、滤纸、擦镜纸等。

（三）试剂

（1）0.5 mol/L 碳酸氢钠浸提液：称取化学纯碳酸氢钠 42.0 g 溶于 800 mL 水中，以 0.5 mol/L 氢氧化钠调节 pH 至 8.5，洗入 1 000 mL 容量瓶中，定容至刻度，贮存于试剂瓶中。

（2）无磷活性炭：活性碳常常含有磷，应做空白试验，检查有无磷存在。如含磷较多，须先用 2 mol/L 盐酸浸泡过夜，用蒸馏水冲洗多次后，再用 0.5 mol/L 碳酸氢钠浸泡过夜，在平瓷漏斗上抽气过滤，每次用少量蒸馏水淋洗多次，并检查到无磷为止。如含磷较少，则直接用碳酸氢钠处理即可。

（3）50 μg/mL 磷标准液：0.219 5 g 干燥的 KH_2PO_4（分析纯）溶于水，于 1 000 mL 容量瓶中定容。

（4）5 μg/mL 磷标准液：吸取 50 μg/mL 磷标准溶液 50 mL 稀释至 500 mL，即为 5 μg/mL 的磷标准溶液。

（5）钼锑贮存液：取蒸馏水约 400 mL，放入 1 000 mL 烧杯中，将烧杯浸在冷水中，然后缓缓注入分析纯浓硫酸 208.3 mL，并不断搅拌，冷却至室温。另称取分析纯钼酸铵 20 g 溶于约 60℃ 的 200 mL 蒸馏水中，冷却。然后将硫酸溶液徐徐倒入钼酸铵溶液中，不断搅拌，再加入 100 mL 0.5%酒石酸锑钾溶液，用蒸馏水稀释至 1 000 mL，摇匀贮于试剂瓶中。

（6）二硝基酚：称取 0.25 g 二硝基酚溶于 100 mL 蒸馏水中。

（7）钼锑抗混合显色剂：在 100 mL 钼锑贮存液中，加入 1.5 g 抗坏血酸，此试剂有效期 24 h，宜用前配制。

（四）操作步骤

（1）称取通过 18 号筛（孔径为 1 mm）的风干土样 5 g（精确到 0.01 g）于 200 mL 三角瓶中，准确加入 0.5 mol/L 碳酸氢钠溶液 100 mL，再加一小角勺无磷活性碳，塞紧瓶塞，在振荡机上振荡 30 min（振荡机速率为每分钟 150～180 次），立即用无磷滤纸过滤，滤液承接于 100 mL 三角瓶中。

（2）吸取滤液 10 mL 于 50 mL 量瓶中，加钼锑抗混合显色剂 5 mL 充分摇匀，排出二氧化碳后加水定容至刻度，再充分摇匀。30 min 后，在分光光度计上比色读数（波长

660 nm），比色时须同时做空白测定。

（3）分别吸取 5 μg/mL 磷标准溶液 0 mL，1 mL，2 mL，3 mL，4 mL，5 mL 于 50 mL 容量瓶中，每一容量瓶即为 0 μg/mL，0.1 μg/mL，0.2 μg/mL，0.3 μg/mL，0.4 μg/mL，0.5 μg/mL 磷，再逐个加入 0.5 mol/L 碳酸氢钠 10 mL 和钼锑抗混合显色剂 5 mL，然后同待测液一样进行比色读数，并根据测定数据，绘制标准曲线。

（五）结果计算与分析

$$速效磷（mg/kg）= \rho \cdot V \cdot ts / m$$

式中：ρ ——从标准曲线查得 P 的质量浓度，μg/mL；

　　　V ——显色液体积，mL；

　　　ts ——分取倍数，即浸提液总体积/显色时吸取浸提液体积，mL/mL；

　　　m ——折算后的烘干土样质量，g。

四、土壤速效钾含量的测定（火焰光度法）

（一）方法原理

以中性 1 mol/L NH_4OAc 溶液为浸提剂，NH_4^+ 与土壤胶体表面的 K^+ 进行交换，连同水溶性的 K^+ 一起进入溶液，浸出液中的钾可用火焰光度计法直接测定。

（二）仪器设备

天平、烧杯、容量瓶、塑料瓶、火焰光度计、振荡机、三角瓶、漏斗、滤纸、吸耳球、移液管等。

（三）试剂

（1）中性 1.0 mol/L NH_4OAc 溶液：称 77.08 g NH_4OAc 溶于近 1 000 mL 水中，用稀 HOAc 或 NH_4OH 调节至 pH7.0，用水定容至 1 000 mL。

（2）100 μg/mL K 标准溶液：0.190 7 g KCl（分析纯，在 105～110℃干燥 2 h），溶于水，于 1 000 mL 容量瓶中定容，存于塑料瓶中。

（四）操作步骤

（1）称取风干土样（1 mm 孔径）5 g 于 150 mL 三角瓶中，加 1.0 mol/L NH_4OAc 溶液 50 mL（土液比为 1：10），用橡皮塞塞紧，在 20～25℃下振荡 30 min，过滤，直接在火焰光度计上测定，读取检流计读数。

（2）吸取 100 μg/mL K 标准液 0 mL、2 mL、5 mL、10 mL、20 mL、40 mL 放入 100 mL 容量瓶中，用 1.0 mol/L NH_4OAc 定容，即得 0 mL、2 mL、5 mL、10 mL、20 mL、40 μg/mL K 标准系列溶液。以浓度最高的标准溶液定火焰光度计检流计的满度（一般只定到 90），然后从稀到浓依次进行测定，记录检流计读数，以检流计读数为纵坐标绘制标准曲线。

（五）结果计算与分析

$$速效钾（mg/kg）= \rho \cdot V / m$$

式中：ρ ——从标准曲线求得的测读液中 K 的质量浓度，$\mu g/mL$；

$\quad\quad V$ ——加入浸提液的体积，mL；

$\quad\quad m$ ——折算后的烘干土样质量，g。

实验三十二　水体中主要养分含量的测定

本实验主要介绍测定水体中总氮、总磷和全钾含量的方法，这些指标对进行水体营养调控与水质监测具有重要意义。

一、水体总氮含量的测定（碱性过硫酸钾消解紫外分光光度法）

（一）方法原理

采用碱性过硫酸钾消解紫外分光光度法测定水体总氮。其方法原理是，在 60℃ 以上的水溶液中，过硫酸钾可分解产生硫酸氢钾和原子态氧，硫酸氢钾在溶液中离解而产生氢离子，故在氢氧化钠的碱性介质中可促使分解过程趋于完全。分解出的原子态氧在 120～124℃ 条件下，可使水样中含氮化合物的氮元素转化为硝酸盐。并且在此过程中有机物同时被氧化分解。因此，可用紫外分光光度法于波长 220 nm 和 275 nm 处，分别测出吸光度 A_{220} 及 A_{275}，按下式求出校正吸光度 A：

$$A = A_{220} - 2A_{275}$$

按 A 的值查校准曲线并计算总氮（以 NO_3-N 计）含量。

（二）仪器设备

紫外分光光度计、石英比色皿、医用手提式蒸气灭菌器、比色管。

（三）试剂

（1）水（无氨）的制备：① 离子交换法——将蒸馏水通过一个强酸型阳离子交换树脂（氢型）柱，流出液收集在带有密封玻璃盖的玻璃瓶中；② 蒸馏法——在 1 000 mL 蒸馏水中，加入 0.10 mL 硫酸（ρ=1.84 g/mL）。并在全玻璃蒸馏器中重蒸馏，弃去前 50 mL 馏出液，然后将馏出液收集在带有玻璃塞的玻璃瓶中。

（2）200 g/L 氢氧化钠溶液：称取 20 g 氢氧化钠（NaOH），溶于无氨水中，稀释至 100 mL。

（3）20 g/L 氢氧化钠溶液：将 200 g/L 溶液稀释 10 倍而得。

（4）碱性过硫酸钾溶液：称取 40 g 过硫酸钾（$K_2S_2O_8$），另称取 15 g 氢氧化钠（NaOH），溶于上述制备的无氨水中，稀释至 1 000 mL，溶液存放在聚乙烯瓶内，最长可贮存一周。

（5）盐酸溶液：1+9。

（6）100 mg/L 硝酸钾标准贮备液：硝酸钾（KNO_3）在 105～110℃烘箱中干燥 3 h，在干燥器中冷却后，称取 0.721 8 g，溶于无氨的蒸馏水中，移至 1 000 mL 容量瓶中，用无氨的蒸馏水稀释至标线在 0～10℃暗处保存，或加入 1～2 mL 三氯甲烷保存，可稳定 6 个月。

（7）10 mg/L 硝酸钾标准使用液：将贮备液用无氨的蒸馏水稀释 10 倍而得。使用时配制。

（8）硫酸溶液：1+35。

（四）样品采集

在水样采集后立即放入冰箱中或低于 4℃的条件下保存，但不得超过 24 h。水样放置时间较长时，可在 1 000 mL 水样中加入约 0.5 mL 硫酸，酸化到 pH 小于 2，并尽快测定。样品可贮存在玻璃瓶中。

取实验室样品用氢氧化钠溶液或硫酸溶液调节 pH=5～9 从而制得试样。如果试样中不含悬浮物则按以下步骤（2）测定，试样中含悬浮物则按以下步骤（3）测定。

（五）操作步骤

（1）用无分度吸管取 10.00 mL 试样置于比色管中。

（2）试样不含悬浮物时，按下述步骤进行。①加入 5 mL 碱性过硫酸钾溶液，塞紧磨口塞，用布及绳等方法扎紧瓶塞，以防弹出。②将比色管置于医用手提蒸气灭菌器中，加热，使压力表指针到 1.1～1.4 kg/cm^2，等温度达到 120～124℃后开始计时。或将比色管置于家用压力锅中，加热至顶压阀吹气时开始计时。保持此温度加热 0.5 h。③冷却、开阀放气，移去外盖，取出比色管并冷至室温。④加盐酸（1+9）1 mL，用无氨水稀释至 25 mL 标线，混匀。⑤移取部分溶液至 10 mm 石英比色皿中，在紫外分光光度计上，以无氨水作参比，分别在波长为 220 nm 与 275 nm 处测定吸光度，并用上述公式计算出校正吸光度 A。

（3）当试样含悬浮物时，先按上述步骤（2）中①～④步骤进行，然后待澄清后移取上清液到石英比色皿中。再按上述（2）中⑤步骤继续进行测定。

（4）空白试验。空白试验除以 10 mL 上述无氨的蒸馏水代替试料外，采用与测定完全相同的试剂、用量和分析步骤进行平行操作。

（5）校准系列的制备：①用分度吸管向一组（10 支）比色管中分别加入硝酸盐氮标准使用溶液 0.0 mL、0.10 mL、0.30 mL、0.50 mL、0.70 mL、1.00 mL、3.00 mL、5.00 mL、7.00 mL、10.00 mL。加无氨的水稀释至 10.00 mL。②按上述（2）中①～⑤步骤进行测定。

（6）校准曲线的绘制：零浓度（空白）溶液和其他硝酸钾标准使用溶液制得的校准系列完成全部分析步骤，于波长 220 nm 和 275 nm 处测定吸光度后，分别按下式求出除零浓度外其他校准系列的校正吸光度 A_s 和零浓度的校正吸光度 A_b 及其差值 A_r。

$$A_s = A_{s220} - 2A_{s275}$$

$$A_b = A_{b220} - 2A_{b275}$$

$$A_r = A_s - A_b$$

式中：A_{s220}——标准溶液在 220 nm 波长下的吸光度；

A_{s275}——标准溶液在 275 nm 波长下的吸光度；

A_{b220}——零浓度（空白）溶液在 220 nm 波长下的吸光度；

A_{b275}——零浓度（空白）溶液在 275 nm 波长下的吸光度。

（7）按 A_r 值与相应的 NO$_3$-N 含量（μg）绘制校准曲。

（六）结果计算与分析

按上述公式计算得试样校正吸光度 A_r，在校准曲线上查出相应的总氮微克数，总氮含量 C_N（mg/L）按下式计算：

$$C_N = m/V$$

式中：m——试样测出的含氮量，μg；

V——测定用试样体积，mL。

二、水体总磷含量的测定（钼酸铵分光光度法）

（一）方法原理

采用钼酸铵分光光度法。其基本原理是：在中性条件下用过硫酸钾（或硝酸－高氯酸）使试样消解，将所含磷全部氧化为正磷酸盐。在酸性介质中，正磷酸盐与钼酸铵反应，在锑盐存在下生成磷钼杂多酸后，立即被抗坏血酸还原，生成蓝色的络合物。然后，利用分光光度计在 700 nm 测定蓝色溶液的吸光度。

（二）仪器设备

烧杯、容量瓶、试剂瓶、医用手提式蒸气消毒器、50 mL 具塞（磨口）刻度管、分光光度计。

（三）试剂

（1）硫酸（H$_2$SO$_4$）：密度为 1.84 g/mL。

（2）硝酸（HNO$_3$）：密度为 1.4 g/mL。

（3）高氯酸（HClO$_4$）：优级纯，密度为 1.68 g/mL。

（4）硫酸（H$_2$SO$_4$）：1＋1。

（5）1 mol/L（1/2 H$_2$SO$_4$）硫酸：将 27 mL 硫酸加入到 973 mL 水中。

（6）1 mol/L 氢氧化钠（NaOH）溶液：将 40 g 氢氧化钠溶于水并稀释至 1 000 mL。

（7）6 mol/L 氢氧化钠（NaOH）溶液：将 240 g 氢氧化钠溶于水并稀释至 1 000 mL。

（8）50 g/L 过硫酸钾溶液：将 5 g 过硫酸钾（K$_2$S$_2$O$_8$）溶解于水并稀释至 100 mL。

（9）100 g/L 抗坏血酸溶液：溶解 10 g 抗坏血酸（C$_6$H$_8$O$_6$）于水中并稀释至 100 mL，此溶液贮存于棕色的试剂瓶中，在冷处可稳定几周，如不变色可长时间使用。

（10）钼酸盐溶液：溶解 13 g 钼酸铵于 100 mL 水中，溶解 0.35 g 酒石酸锑钾于 100 mL 水中。在不断搅拌下把钼酸铵溶液缓缓加到 300 mL 硫酸（H$_2$SO$_4$，1＋1）中，加酒石酸锑钾溶液并且混合均匀。此溶液贮存于棕色试剂瓶中，在冷处可保存 2 个月。

（11）浊度—色度补偿液：混合两个体积硫酸（H$_2$SO$_4$，1＋1）和一个体积抗坏血酸溶液，使用时当天配制。

（12）磷标准贮备溶液：称取 0.219 7 g 于 110℃ 干燥 2 h 在干燥器中放冷的磷酸二氢钾（KH_2PO_4），用水溶解后转移至 1 000 mL 容量瓶中，加入大约 800 mL 水，加 5 mL 硫酸（H_2SO_4，1+1）用水稀释至标线并混匀。1.00 mL 此标准溶液含 50.0 μg 磷。此溶液在玻璃瓶中可贮存至少 6 个月。

（13）磷标准使用溶液：将 10.0 mL 的上述磷标准贮备溶液转移至 250 mL 容量瓶中，用水稀释至标线并混匀。1.00 mL 此标准溶液含 2.0 μg 磷。使用时当天配制。

（14）10 g/L 酚酞溶液：0.5 g 酚酞溶于 50 mL 95% 乙醇中。

（四）样品采集

1. 水样采集

采取 500 mL 水样后加入 1 mL 硫酸调节样品的 pH 值，使之低于或等于 1，或不加任何试剂于冷处保存。应当注意的是，含磷量较少的水样，不要用塑料瓶采样，因为磷酸盐易吸附在塑料瓶壁上。

2. 试样的制备

取 25 mL 样品于具塞刻度管中，取时应仔细摇匀，以得到溶解部分和悬浮部分均具有代表性的试样，如样品中含磷浓度较高，试样体积可以减少。

（五）操作步骤

1. 空白试样

用水代替试样，并加入与测定时相同体积的试剂。

2. 消解

① 过硫酸钾消解。向试样中加入 4 mL 过硫酸钾，将具塞刻度管的盖塞紧后，用一小块布和线将玻璃塞扎紧（或用其他方法固定），放在大烧杯中置于高压蒸气消毒器中加热，待压力达 1.1～1.4 kg/cm^2，相应温度为 120℃ 保持 30 min 后停止加热。待压力表读数降至零后，取出放冷。然后用水稀释至标线。应当注意的是，如用硫酸保存水样，当用过硫酸钾消解时，需先将试样调至中性。②硝酸－高氯酸消解。取 25 mL 试样于锥形瓶中，加数粒玻璃珠，加 2 mL 硝酸在电热板上加热浓缩至 10 mL，冷却后加 5 mL 硝酸，再加热浓缩至 10 mL，放冷。加 3 mL 高氯酸加热至高氯酸冒白烟，此时可在锥形瓶上加小漏斗或调节电热板温度，使消解液在锥形瓶内壁保持回流状态，直至剩下 3～4 mL，放冷。加水 10 mL，加 1 滴酚酞指示剂。滴加氢氧化钠溶液至刚呈微红色，再滴加硫酸溶液使微红刚好褪去，充分混匀。移至具塞刻度管中，用水稀释至标线。应当注意的是，用硝酸—高氯酸消解需要在通风橱中进行，高氯酸和有机物的混合物经加热易发生危险，需将试样先用硝酸消解，然后再加入硝酸—高氯酸进行消解。绝不可把消解的试样蒸干。如消解后有残渣时，用滤纸过滤于具塞刻度管中，并用水充分清洗锥形瓶及滤纸，一并移到具塞刻度管中。水样中的有机物用过硫酸钾氧化不能完全被破坏时，可用此法消解。

3. 显色

分别向各份消解液中加入 1 mL 抗坏血酸溶液混匀，30 s 后加 2 mL 钼酸盐溶液充分混匀。应当注意的是：① 如试样中含有浊度或色度时，需配制一个空白试样（消解后用水稀释至标线），然后向试料中加入 3 mL 浊度—色度补偿液但不加抗坏血酸溶液和钼酸盐溶液，然后从试样的吸光度中扣除空白试样的吸光度；② 砷大于 2 mg/L 时干扰测定，用亚硫酸钠去除。

4．分光光度测量

在室温下放置 15 min 后，使用光程为 3 cm 的比色皿，在 700 nm 波长下，以水做参比，测定吸光度。扣除空白试验的吸光度后，从工作曲线上查得含磷量。应当注意的是，如显色时室温低于 13℃，可在 20～30℃水浴上显色，15 min 即可。

5．工作曲线的绘制

取 7 支具塞刻度管分别加入 0.0 mL、0.50 mL、1.00 mL、3.00 mL、5.00 mL、10.0 mL、15.0 mL 磷酸盐标准溶液（试剂 13），加水至 25 mL。然后按上述步骤进行处理。以水做参比，测定吸光度。扣除空白试验的吸光度后，利用吸光度和对应磷的含量绘制工作曲线。

（六）结果计算与分析

总磷含量以 ρ（mg/L）表示，按下式计算：

$$\rho = m/V$$

式中：m——试样测得的含磷量，μg；

V——测定用试样体积，mL。

三、水体全钾含量的测定（火焰原子吸收分光光度法）

（一）方法原理

采用火焰原子吸收分光光度法。原子吸收光谱分析的基本原理是测量基态原子对共振辐射的吸收。在高温火焰中，钾很易电离，这样使得参与原子吸收的基态原子减少。

（二）仪器设备

烧杯、容量瓶、试剂瓶、往复振荡机、电子天平、原子吸收分光光度计、钾空心阴极灯（灵敏吸收线为 766.5 nm；次灵敏吸收线为 404.4 nm）、乙炔的供气装置、空气压缩机等。

（三）试剂

（1）硝酸（HNO_3）：密度为 1.42 g/mL。

（2）硝酸溶液：1+1。

（3）0.2%硝酸溶液（体积分数）：取 2 mL 硝酸（1+1）加入 998 mL 水中混合均匀。

（4）10.0 g/L 硝酸溶液：取 1.0 g 硝酸铯（$CsNO_3$）溶于 100 mL 水中。

（5）钾标准贮备溶液（含钾 1.000 g/L）：称取（1.906 7±0.000 3）g 基准氯化钾（KCl），以水溶解并移至 1 000 mL 容量瓶中，稀释至标线，摇匀。将此溶液及时转入聚乙烯瓶中保存。

（6）钾标准使用溶液（含钾 100.00 mg/L）：吸取钾标准贮备溶液 10.00 mL 于 100 mL

容量瓶中，加 2 mL 硝酸溶液（1+1），以水稀释至标线，摇匀备用。此溶液可保存 3 个月。

（四）样品采集

水样在采集后，应立即以 0.45 μm 滤膜（或中速定量滤纸）过滤，其滤液用硝酸（1+1）调至 pH=1～2，于聚乙烯瓶中保存。

（五）操作步骤

1．试样的制备

如果对样品中钾钠浓度大体已知时，可直接取样，或者采用次灵敏线测定，先求得其浓度范围。然后再分取一定量（一般为 2～10 mL）的实验室样品于 50 mL 容量瓶中，加 3.0 mL 硝酸铯溶液，用水稀释至标线，摇匀。此溶液应在配制当天完成测定。

2．钾校准溶液的制备

取 6 只 50 mL 容量瓶，分别加入钾标准使用溶液 0 mL、0.50 mL、1.00 mL、1.50 mL、2.00 mL、2.50 mL，加硝酸铯溶液 3.00 mL，加硝酸溶液（1+1）1.00 mL，用水稀释至标线，摇匀。其各点的浓度分别为 0 mg/L，1.00 mg/L，2.00 mg/L，3.00 mg/L，4.00 mg/L，5.00 mg/L。校准溶液应在配制当天使用。

3．仪器的准备

将待测元素灯装在灯架上，经预热稳定后，按选定的波长、灯电流、狭缝、观测高度、空气及乙炔流量等各项参数进行点火测量。应当注意的是，在打开气路时，必须先开空气，再开乙炔；当关闭气路时，必须先关乙炔，后关空气，以免回火爆炸。当点火后，在测量前，先以 0.2%硝酸溶液喷雾 5 min，以清洗雾化系统。

4．测量

在正式测量前，先以水调仪器零点，然后即可吸喷校准溶液和试料，记录吸光度。

5．空白试验

空白试验即对校准溶液中零浓度的测量。

6．校准曲线的绘制

绘制钾校准溶液的吸光度与钾对应浓度的校准曲线。每批测定时，必须同时绘制校准曲线。

（六）结果计算与分析

样品中钾的质量浓度 ρ（mg/L）按下式计算：

$$\rho = f\rho_1$$

式中：f——稀释比，f＝试样体积/分取实验室样品体积；

　　　ρ_1——由测定试样的吸光度从校准曲线上求得钾的质量浓度，mg/L。

实验三十三　土壤微生物数量的测定

一、实验目的与意义

让学生了解稀释平板计数测定微生物数量的原理，掌握涂抹平板培养法和混合平板培养法的操作过程，认识细菌、放线菌和真菌的菌落特征。

二、实验原理

稀释平板计数的原理是，根据微生物在固体培养基上所形成的单个菌落，即是由一个单细胞繁殖而成这一培养特征设计的计数方法，即一个菌落代表一个单细胞。计数时，首先将待测样品制成均匀的系列稀释液，尽量使样品中的微生物细胞分散开，使成单个细胞存在（否则一个菌落就不只是代表一个细胞），再取一定稀释度、一定量的稀释液接种到平板中，使其均匀分布于平板中的培养基内。经培养后，由单个细胞生长繁殖形成菌落，统计菌落数目，即可计算出样品中的含菌数。此法所计算的菌数是培养基上长出来的菌落数，故又称活菌计数。一般用于某些成品检定（如杀虫菌剂等）、生物制品检验、土壤含菌量测定及食品、水源的污染程度的检验。

三、实验器材

90 mL 无菌水、9 mL 无菌水、1 mL 无菌吸管、无菌平皿、天平、称样瓶、试管、接种环、烧杯、超净工作台、记号笔等。

四、实验方法

（一）样品稀释液的制备

准确称取待测样品 10 g，放入装有 90 mL 无菌水并放有小玻璃珠的 250 mL 三角瓶中，用手或置摇床上振荡 20 min，使微生物细胞分散，静置 20~30 s，即成 10^{-1} 稀释液；再用 1 mL 无菌吸管，吸取 10^{-1} 稀释液 1 mL，移入装有 9 mL 无菌水的试管中，吹吸 3 次，让菌液混合均匀，即成 10^{-2} 稀释液；再换一支无菌吸管吸取 10^{-2} 稀释液 1 mL，移入装有 9 mL 无菌水的试管中，也吹吸 3 次，即成 10^{-3} 稀释液；以此类推，连续稀释，制成 10^{-4}、10^{-5}、10^{-6}、10^{-7}、10^{-8}、10^{-9} 等一系列稀释菌液。

当用稀释平板计数时，待测菌稀释度的选择应根据样品确定。样品中所含待测菌的数量多时，稀释度应高，反之则低。通常测定细菌菌剂含菌数时，采用 10^{-7}、10^{-8}、10^{-9} 稀释度；测定土壤细菌数量时，采用 10^{-4}、10^{-5}、10^{-6} 稀释度；测定放线菌数量时，采用 10^{-3}、10^{-4}、10^{-5} 稀释度；测定真菌数量时，采用 10^{-2}、10^{-3}、10^{-4} 稀释度。

（二）平板接种与培养

培养基的选择：细菌采用牛肉膏蛋白胨培养基、真菌采用马丁氏（Martin）琼脂培养基、放线菌采用高氏（Gause）1号培养基。

平板接种培养有混合平板培养法和涂抹平板培养法两种方法：

（1）混合平板培养法　将无菌平板编上号码，每一号码设置3个重复，用无菌吸管按无菌操作要求吸取最低浓度稀释液各1 mL放入相应稀释度编号的3个平板中，同法依次吸取其他稀释液各1 mL放入相对应编号的3个平板中（由低浓度向高浓度时，吸管可不必更换）。然后在各个平板中分别倒入已熔化并冷却至45～50℃的相应培养基，轻轻转动平板，使菌液与培养基混合均匀，冷凝后倒置，在28～30℃下恒温培养，至长出菌落后即可计数。

（2）涂抹平板计数法　涂抹平板计数法与混合平板法基本相同，所不同的是先将培养基熔化后趁热倒入无菌平板中，待凝固后编号，然后用无菌吸管吸取 0.1 mL 菌液对号接种在不同稀释度编号的琼脂平板上（每个编号设 3 个重复）。再用无菌刮铲将菌液在平板上涂抹均匀，每个稀释度用一个灭菌刮铲，更换稀释度时需将刮铲灼烧灭菌。在由低浓度向高浓度涂抹时，也可以不更换刮铲。将涂抹好的平板平放于桌上20～30 min，使菌液渗透入培养基内，然后将平板倒转，在28～30℃下恒温培养，至长出菌落后即可计数。

五、结果计算与分析

当计算结果时，常按下列标准从接种后的3个稀释度中选择一个合适的稀释度，即要求同一稀释度各个重复的菌数相差不太悬殊；细菌、放线菌以每皿 30～300 个菌落为宜，真菌以每皿 10～100 个菌落为宜。

选择好计数的稀释度后，即可统计该稀释度的平板上长出的菌落数，并按下式计算每克干土的含菌数：

（1）混合平板计数法：每克样品的菌数=同一稀释度几次重复的菌落平均数×稀释倍数/烘干土样质量。

（2）涂抹平板计数法：每克样品的菌数=同一稀释度几次重复的菌落平均数×10×稀释倍数/烘干土样质量。

实验三十四　土壤动物种类和数量的测定

一、实验目的

土壤动物是指其生活史中有一段时期在土壤中度过，且对土壤有一定影响的动物。狭义的土壤动物是指生活史全部时间都在土壤中生活的动物；广义土壤动物是指凡生活史中的一个时期（或季节中某一时期）接触土壤表面或者在土壤中生活的动物均称为土壤动物。土壤动物种类繁多，数量巨大。土壤动物主要由土壤原生动物和土壤后生动物群落组成。土壤动物群落对土壤中动植物残体分解、污染物降解、土壤理化性质的进化、土壤发育与物质迁移及能量转化等物理、化学过程方面都有重要作用，是陆地生态系统的关键环节。土壤动物可以直接采食细菌或真菌或通过有机物质的粉碎、微生物繁殖体的传播和有效营养物质的改变等方式来影响微生物群落。随全球环境变化和人类活动干扰对土壤环境影响的加剧，土壤动物物种多样性也在不断减少，结果势必造成土壤生态系统结构和功能的破坏。在这种背景下，地下部土壤动物和微生物的多样性及其功能作用已逐渐成为土壤生态学研究的热点问题之一。本实验的主要目的是让学生掌握土壤动物的分离和鉴定的基本方法和技能，认识土壤中一些常见的动物类群，并进一步理解土壤动物多样性存在的生态学意义。

二、实验原理

土壤动物的分离方法有很多种，常用的包括干漏斗法和湿漏斗法。这两种分离方法的基本思想是利用土壤动物的怕光、怕热、喜湿等生活习性来进行设计的。其中，干漏斗（Tullgren）分离装置的原理是利用土壤动物具有遇到干旱必然向下方潮湿的地方移动的习性，通过外加热源（光源）使土壤水分逐渐蒸发逐渐干燥，土壤动物向下方移动，最后经过筛网落入漏斗和标本瓶。湿漏斗（Baermann）分离装置的原理也是利用土壤动物的行为反应，土壤中的湿生动物向下移动进入水中，沉入水中最终聚集在胶管夹处，放开止水夹即可收集到此类土壤动物（图 8-1）。

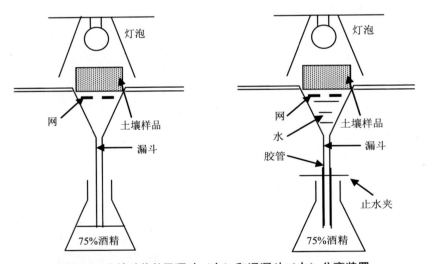

图 8-1　土壤动物的干漏斗（左）和湿漏斗（右）分离装置

三、实验内容

（1）练习土壤动物样品采集，包括大型土壤动物的野外采集方法；
（2）学习利用干漏斗法和湿漏斗法分离中小型土壤动物的操作方法；
（3）学习土壤动物鉴定分类的基本方法。

四、实验材料与器材

实验材料：有机质丰富的土壤（0～15 cm）。
实验器材：样品采集框（长×宽×高=0.50 m×0.50 m×0.20 m）、75%酒精、干漏斗分离装置、湿漏斗分离装置、环刀、显微镜、体式显微镜、纱布等。

五、实验方法与步骤

（一）土壤样品的采集

选择有机质丰富或枯枝落叶较多的林下土壤，用铝质的样品采集框圈定取样区域。用铁铲挖土制作土壤剖面，剖面深度为 15 cm，按照 5 cm 一层将剖面分成 3 层，即 0～5 cm、5～10 cm、10～15 cm，在每层用环刀采集器取样 5 个。对需要用干漏斗法分离的土样，则用 100 mL 土壤环刀采集器取样；对需要用湿漏斗的样品则采用 25 mL 环刀取样。采集到的土壤样品装入塑料袋，贴好标签带回实验室分类。

（二）大型土壤动物的现场采集

在选定取样区域后，首先要进行大型土壤动物的采集，将采集框嵌入土层，以免一些土壤动物快速逃逸。采集方法可以采用手或吸虫器直接捕捉，或者用网对枯枝落叶筛选。捕获的各种大型土壤动物，放入 75%酒精保存，带回实验室分类。

（三）中小型土壤动物的干漏斗法分离与采集

本实验中采用的干漏斗装置主要有玻璃漏斗、金属筛（孔径 2 mm）、电灯泡（40 W）、收集容器组成。将土壤样品用纱布包裹置于筛网上，同时避免泥土颗粒落入收集容器。在一般情况下，应将土壤样品倒置，即土壤表层朝向筛网。接通电源，灯光照射 24～48 h，而后收集落入下方 75%酒精中的土壤动物。

（四）中小型土壤动物的湿漏斗法分离与采集

湿漏斗的结构与干漏斗类似，但湿漏斗下端装有橡胶管，其上配置两个止水夹。接好橡胶管后，将止水夹关闭，注入干净的自来水。将土壤样品直接放在筛网上，灯光照射 48 h，首先关闭下端止水夹，再打开上端止水夹，使得进入水中的土壤动物完全沉淀后，再关闭上端止水夹，打开下端止水夹，即可使土壤动物落入收集瓶中。

（五）土壤动物的鉴定分类

将固定在酒精中的样本，导入培养皿中。首先将相似种类的土壤动物大致分类，而后在体式显微镜下逐一观察，并对照土壤动物分类按照《中国土壤动物检索图鉴》进行分类鉴定，同时做好相关的记录。在条件允许的情况下，可以采用配置数码相机的显微镜直接进行拍照，而后在与相关的分类图谱比对。

六、结果计算与分析

（1）土壤动物密度的计算，可采用如下公式进行，其中大型土壤动物的密度是以样品采集框的面积为基准进行计算，而利用干湿漏斗法分离中小型土壤动物的密度则以采集土样时使用的环刀体积为基准进行计算。

$$大型土壤动物的密度 = \frac{某种类别的土壤动物数量}{0.25 m^2}$$

$$土壤动物的密度（干漏斗）= \frac{某种类别的土壤动物数量}{100mL}$$

$$土壤动物的密度（湿漏斗）= \frac{某种类别的土壤动物数量}{25mL}$$

（2）利用相关公式，分别计算取样地点土壤动物的生物多样性指数，包括 Shannon-Wiener 指数、Pielou 均匀度指数、Margalef 丰富度指数和 Simpson 优势度指数。

（3）比较土壤不同层次中土壤动物种类和数量的差异，验证一下土壤动物分布是否存在表聚现象或其他规律。

七、注意事项

（1）在利用干湿漏斗法分离中小型土壤动物时，电灯泡的功率要适度，热源太小，则分离时间加长；热源太大，土壤动物则易被烤死而来不及迁移，故势必影响结果。

（2）在时间充裕的情况下，可以增加野外采样地点和不同处理，以进行对比分析。

实验三十五   土壤中重金属残留量的测定

一、实验目的

本实验以重金属铬残留量的测定为例。铬是自然界中普遍存在的重金属元素，六价铬的毒性大于三价铬。自然形成的铬多以元素或三价铬状态存在。土壤中铬元素含量为 1～300 mg/kg，大多数土壤含铬为 25～85 mg/kg。土壤易受到铬污染，其主要来源于电镀、制革、纺织、造纸、印染等工业废水灌溉农田，或用制革废渣作为肥料以及施用磷矿粉肥料等。铬不是植物生长发育必需的元素，微量的铬对植物生长发育有一定的刺激作用，并会造成农产品的铬污染。食用含铬量过高的食物，会危害人类和家畜的健康。通过本实验使学生掌握利用分光光度法测定土壤重金属铬的原理和基本方法。

二、实验原理

测定土壤铬的方法主要有火焰原子吸收光谱法、分光光度法、极谱法、等离子体发射光谱法、X—射线荧光光谱法和仪器中子活化法等，目前使用较多的为火焰原子吸收光谱法及分光光度法。同时，不同的消解方法对铬的测定影响较大，因此，选择不同的消解试剂十分重要，目前多采用硫酸、硝酸、氢氟酸消解体系或硫酸、磷酸消解及高锰酸钾氧化体系。本实验采用二苯碳酰二肼分光光度法测定土壤中的铬含量，采用混酸加氧化剂的方法进行土壤消解。

土壤溶液中的铬在酸性介质中被高锰酸钾氧化为六价铬，六价铬与加入的二苯碳酰二肼（DPC）反应生成紫红色化合物，于波长 540 nm 处进行分光光度测定。其反应式为：

（DPC）　　　　　　　　　　　　　（苯肼羟基偶氮苯）

试液为 50 mL，使用 30 mm 比色皿，最小检出浓度为 0.004 mg/L。

三、实验材料与仪器设备

（1）仪器设备：聚四氟乙烯坩埚、电热板、分光光度计、离心机等。

（2）试剂：①硝酸（优级纯）；②硫酸；③磷酸；④0.5%高锰酸钾溶液；⑤0.5%叠氮化钠溶液，临用现配；⑥0.25%二苯碳酰二肼乙醇溶液（或丙酮溶液）；⑦铬标准储备液，准确称取 0.282 9 g 重铬酸钾（优级纯，预先在 110℃烘 2 h）溶于水中，转移入 1 000 mL 容量瓶中，并稀释至标线，摇匀，此溶液每毫升含铬 100 μg；⑧铬标准使用液，准确吸取铬标准储备液 10.00 mL 于 1 000 mL 容量瓶中，加水定容，摇匀。此溶液每毫升含铬 1.00μg。

四、实验方法与步骤

（一）试液制备

称取土壤样品 0.200 0～0.500 0 g（含铬量少于 8 μg）于聚四氟乙烯坩埚中，加 2 mL 水使土壤润湿，再加硫酸 2 mL、硝酸 2 mL。待剧烈反应停止后，移到电热板上加热分解至开始冒白烟。取下稍冷，加硝酸 3 mL，氢氟酸 3 mL，继续加热至冒浓白烟。取下坩埚稍冷，用水冲洗坩埚壁，再加热至冒白烟以驱除氢氟酸。加水溶解，转入 50 mL 比色管中，定容，摇匀。放置澄清或离心。

（二）显色与测定

准确移取试液 5.0 mL 于 25 mL 比色管中，加磷酸 0.5 mL，摇匀。滴加 1～2 滴 0.5% 高锰酸钾溶液至紫红色，置水浴锅中加热煮沸 15 min，若紫红色消失，再补加高锰酸钾溶液。趁热滴加叠氮化钠溶液至紫红色恰好褪去，将比色管放入冷水中迅速冷却。加水至刻度，摇匀。加入二苯碳酰二肼溶液 2 mL，迅速摇匀。10 min 后，用 30 mm 比色皿，于波长 540 nm 处，以试剂空白为参比测量吸光度。

（三）校准曲线的绘制

分别移取铬标准使用液 0 mL，1.0 mL，2.0 mL，4.0 mL，6.0 mL，8.0 mL 于 25 mL 比色管中，分别加磷酸 0.5 mL，硫酸 0.1 mL，加水至刻度，摇匀。以下显色和测量过程与试液测定的操作步骤相同。

五、结果计算与分析

铬的含量按下式计算：

$$铬（mg/kg）= m \cdot V_a / W \cdot V$$

式中：m——从校准曲线上查得铬的含量，μg；

　　　　V_a——试样定容的体积，mL；

　　　　W——烘干土壤试样的质量，g；

　　　　V——测定时取试样溶液的体积，mL。

六、注意事项

（1）加入磷酸掩蔽铁，使之形成无色络合物，同时也可络合其他金属离子，避免一些盐类析出产生浑浊。在磷酸存在下还可以排除硝酸根和氯离子的影响。如果在氧化时或显色时出现浑浊可考虑加大磷酸的用量。

（2）消解后，残渣转移时，多洗几次，尽力洗涤干净，否则会使结果偏低。

（3）当用高锰酸钾氧化低价铬时，七价锰有可能被还原为二价锰，出现棕色而影响低价铬的氧化完全，因此要控制好溶液的酸度及高锰酸钾的用量。

（4）加入二苯碳酰二肼丙酮溶液后，应立即摇动，防止局部有机溶剂过量而使六价铬部分被还原为三价铬，使测定结果偏低。

（5）电热板温度不宜太高，否则会烧坏聚四氟乙烯坩埚。

（6）氢氟酸对皮肤有强烈刺激性和腐蚀性，使用时注意防护。

实验三十六　农产品中农药残留量的测定

一、实验目的

本实验以大米中多菌灵残留量的测定为例。多菌灵又名棉菱灵、苯并咪唑 44 号。多菌灵是一种广谱性杀菌剂，对多种作物由真菌（如半知菌、多子囊菌）引起的病害有防治效果，可用于叶面喷雾、种子处理和土壤处理等。多菌灵化学性质稳定，原药在阴凉、干燥处可贮存 2～3 年。它能通过作物叶片和种子渗入植物体内，耐雨水冲洗，残留期长，可通过食道引起中毒。其他多种苯并吡唑类和托布津类杀菌剂均可通过在作物体内转化为多菌灵形式起作用，因此，多菌灵在农作物中的残留量检测越来越受到重视。通过本实验，要求学生掌握色谱法分析测定的基本原理、高效液相色谱仪的组成及其定性定量分析的方法，并了解色谱法在农药残留测定中的应用。

二、实验原理

本实验采用液—液萃取方式对大米样品进行预处理，使用反相高效液相色谱法测定其中的多菌灵含量。该方法的基本原理是：基于不同物质在相同条件下对同一色谱柱的保留时间（Rt）可能不同，根据标准品（标样）的保留时间进行待测物质的定性分析；同时，根据物质的量与色谱峰面积成正比的关系，利用标准曲线法进行样品中物质量的定量分析。

三、实验材料与仪器设备

（一）实验仪器

HP1100 型高效液相色谱仪，配备液谱工作站及 DAD 检测器；TC-C$_{18}$ 色谱柱、超纯水制备装置、旋转蒸发仪、振荡器。

（二）试验材料与试剂

试验材料：大米、多菌灵标样（含量 99.0%）。

试剂：乙腈、丙酮、甲醇、乙酸乙酯、二氯甲烷、氢氧化钠、盐酸、氨水等（均为分析纯级）。

四、实验方法与步骤

（一）标样配制

准确称取多菌灵标样 25 mg 于 25 mL 容量瓶内，加甲醇 20 mL 左右，滴加少量 1 mol/L HCl 溶液助溶，并用甲醇定容至 25 mL，配成 1 mg/mL 多菌灵母液。使用时分别用甲醇配制成不同浓度的多菌灵标准溶液。

（二）样品前处理

取 10.00 g 左右粉碎的大米籽粒（根据样品多菌灵含量适当调整取样量，使样品浓度在标准曲线范围内，一般而言，多菌灵含量不超过 0.050 mg）于 250 mL 具塞三角瓶内，加 100 mL 甲醇，混匀振荡 5 min，加入 1 mol/L NaOH 溶液 2 mL。混匀后于振荡器上振荡提取 12 h，减压抽滤，收集滤液并用 20 mL 左右甲醇洗涤残渣和漏斗，合并滤液，于旋转浓缩仪上蒸干甲醇。用 1 mol/L HCl 20 mL 分次将浓缩后残渣洗入分液漏斗中。用 40 mL 二氯甲烷分两次萃取酸液，弃去二氯甲烷相，用 1 mol/L 氨水调节水溶液 pH6～8，用 80 mL 二氯甲烷分两次从水溶液中提取多菌灵。二氯甲烷相经无水硫酸钠干燥后于旋转蒸发仪上蒸干，用甲醇分次将残余物超声洗入 5 mL 具塞刻度试管，定容至 5 mL，过 0.2 μm 微孔滤膜后于液相色谱测定。

（三）液相色谱分析条件

色谱柱：TC-C$_{18}$ 柱，粒径 5μm，4.6 mm×250 mm；柱温：室温。

流动相：$V_{甲醇}$：$V_{水}$＝50：50；流速：1.0 mL/min；检测波长：281 nm；进样量：20μL。

（四）绘制标准工作曲线

将母液用甲醇稀释成浓度分别为 0.05 mg/L，0.10 mg/L、0.20 mg/L、0.60 mg/L、1.00 mg/L、2.00 mg/L、5.00 mg/L、10.0 mg/L 的多菌灵标样，在上述液相色谱条件下进行分析测试（图 8-2），以峰面积对多菌灵浓度进行线性回归计算，绘制标准曲线。

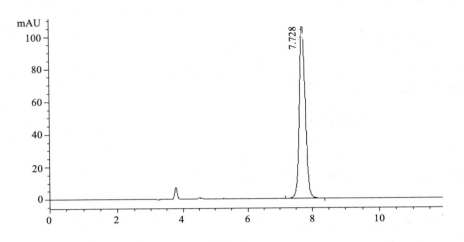

图 8-2 多菌灵标准品的色谱图

（五）样品测定

取 20μL 样品提取液进样，根据峰面积值，利用标准曲线法计算多菌灵含量。

五、结果计算与分析

试样中多菌灵农药的含量以质量分数（mg/kg）表示，按下列公式计算（计算结果精确到小数点后两位）：

$$W = \rho \times V/m$$

式中：W —— 试样中被测组分的残留量，mg/kg；

  ρ —— 从标准曲线上得到的被测组分溶液质量浓度，mg/L；

  V —— 样品溶液的定容体积，mL；

  m —— 样品溶液所代表的试样质量，g。

实验三十七 水体化学需氧量（COD）的测定

一、实验目的

化学需氧量（COD）是指在一定条件下，氧化 1L 水样中还原性物质所消耗的氧化剂的量，以每升水中含有氧气的毫克数表示（mg/L）。化学需氧量越大，说明水体受有机物的污染越严重。本实验的主要目的是让学生掌握 COD 的测定方法与相关技能，深入理解 COD 的基本概念、影响因素及其作为水体污染表征指标的作用与生态学意义。

二、实验原理

水体 COD 的测定，会因加入氧化剂的种类和浓度、反应溶液的温度、酸度和时间，以及催化剂的存在与否而得到不同的结果。因此，COD 是一个条件性指标，必须选择合适的测定方法并严格按相关的操作步骤进行测定，且测定结果需注明方法。COD 的测定有几种方法，对于一般水样可以用高锰酸盐法，而对于污染较严重的水样或工业废水，一般用重铬酸钾法或库仑法。高锰酸盐法的氧化率较低，但比较简便，在测定水样中有机物含量的相对值时可以采用。重铬酸钾法的氧化率高，重现性好，适用于测定水样中有机物的总量。本实验同时介绍利用酸性高锰酸盐和重铬酸钾法测定水样的化学需氧量的实验方法。

（一）高锰酸盐指数法的实验原理

在加热的酸性水样中，加入过量的 $KMnO_4$ 标准液，将水中的还原性物质氧化，剩余的 $KMnO_4$ 再以过量的 $Na_2C_2O_4$ 标准液还原，然后用 $KMnO_4$ 标准液反滴定剩余的 $H_2C_2O_4$，从而可求得相应的 COD。

$$4MnO_4^- + 5C + 12H^+ = 4Mn^{2+} + 5CO_2 \uparrow + 6H_2O$$
$$2MnO_4^- + 5C_2O_2^{2-} + 16H^+ = 2Mn^{2+} + 10CO_2 \uparrow + 8H_2O$$

滴定时，水样加热至 100℃ 再沸腾 10 min，$KMnO_4$ 溶液的浓度以 0.001 mol/L 为宜，由于部分有机物不能被氧化，故本法测得的 COD 不能代表水样中全部有机物的含量。

$KMnO_4$ 标准液标定时，用 $Na_2C_2O_4$ 的稀 H_2SO_4 溶液加热到 75～85℃，用待标定的 $KMnO_4$ 溶液滴定至试液呈微红色且保持 0.5 min 不褪色为终点。$KMnO_4$ 法采用自身作指示剂 $C=10^{-6}$ mol/L。

（二）重铬酸钾法的实验原理

在强酸性溶液中，准确加入过量的重铬酸钾标准溶液，加热回流，将水样中还原性物质（主要是有机物）氧化，过量的重铬酸钾以试亚铁灵作指示剂，用硫酸亚铁铵标准溶液回滴，根据所消耗的重铬酸钾标准溶液量计算水样的化学需氧量。

三、实验内容

用两种方法分别测定湖水（池塘水）、生活污水和自来水的化学需氧量。

四、实验材料与仪器设备

（一）高锰酸盐指数法的实验材料与仪器设备

1. 材料与仪器
沸水浴装置、250 mL 锥形瓶、25 mL 酸式滴定管、10 mL 和 100.0 mL 移液管。

2. 试剂
（1）高锰酸钾标准贮备溶液[c（1/5 $KMnO_4$）=0.1 mol/L]：称取 3.2 g 高锰酸钾溶于 1.2 L 水中，加热煮沸，使体积减少到约 1 L，放置过夜，用 G-3 玻璃砂芯漏斗过滤后，滤液贮于棕色瓶中保存。

（2）高锰酸钾标准溶液[c（1/5KMnO$_4$）=0.01 mol/L]：吸取 100 mL 上述 0.1 mol/L 高锰酸钾溶液，于 1 000 mL 容量瓶，用水稀释混匀，贮于棕色瓶中。使用当天应进行标定，并调节至 0.01 mol/L 准确浓度。

（3）1+3 硫酸溶液。

（4）草酸钠标准贮备液[c（1/2 Na$_2$C$_2$O$_4$）=0.100 0 mol/L]：准确称取 0.670 5 g 在 105～110℃烘干 1 h 并冷却的草酸钠溶于水，移入 100 mL 容量瓶中，用水稀释至标线。

（5）草酸钠标准溶液[c（1/2Na$_2$C$_2$O$_4$）=0.010 0 mol/L]：吸取 10.00 mL 上述草酸钠标准溶液，移入 100 mL 容量瓶中，用水稀释至标线。

（二）重铬酸钾法的实验材料与仪器设备

1. 材料与仪器

250 mL 全玻璃回流装置（如取水样在 30 mL 以上，用 500 mL 全玻璃回流装置）、加热装置（电炉）、5 mL 或 50 mL 酸式滴定管、锥形瓶、移液管、容量瓶等。

2. 试剂

（1）重铬酸钾标准溶液[c（1/6K$_2$Cr$_2$O$_7$）=0.250 0 mol/L]：称取预先在 120℃烘干 2 h 的 12.258 g 优质纯 K$_2$Cr$_2$O$_7$ 溶于水中，移入 1 000 mL 容量瓶内，稀释至标线，摇匀。

（2）试亚铁灵指示液：称取 1.485 g 邻菲罗啉（C$_{12}$H$_8$N$_2$·H$_2$O）、0.695 g 硫酸亚铁（FeSO$_4$·7H$_2$O）溶于水中，稀释至 100 mL，贮于棕色瓶内。

（3）硫酸亚铁铵标准化溶液（浓度约为 0.1 mol/L）：称取 39.5 g 硫酸亚铁铵溶于水中，边搅拌边缓慢加入 20 mL 浓硫酸，冷却后移入 1 000 mL 容量瓶中，加水稀释至标线，摇匀。临用前，用重铬酸钾标准溶液标定。

标定方法：准确吸取 10.00 mL 重铬酸钾标准溶液于 500 mL 锥形瓶中，加水稀释至 110 mL 左右，缓慢加入 30 mL 浓硫酸，混匀。冷却后，加入 3 滴试亚铁灵指示液（约 0.15 mL），用硫酸亚铁铵溶液滴定，溶液的颜色由黄色经蓝绿色。

$$c =（0.250 0·10.00）/V$$

式中：c——硫酸亚铁铵标准溶液的浓度，mol/L；

　　　V——硫酸亚铁铵标准溶液的用量，mL。

（4）硫酸-硫酸银溶液：于 500 mL 浓硫酸中加入 5 g 硫酸银。放置 1～2 d，不时摇动使其溶解。

（5）硫酸汞：结晶或粉末。

五、实验方法与步骤

（一）高锰酸盐指数法的实验方法与步骤

（1）分取 100.0 mL 水样 250 mL 锥形瓶中。

（2）加入 5 mL（1+3）硫酸，混匀。

（3）加入 10.00 mL，0.01 mol/L 高锰酸钾溶液，摇匀，立即放入沸水浴中加热 30 min

（从水浴重新沸腾起计时）。沸水浴液面要高于反应溶液的液面。

（4）取下三角瓶，趁热加入 10.00 mL，0.010 0 mol/L 草酸钠标准溶液，摇匀。立即用 0.01 mol/L 高锰酸钾溶液滴定至显微红色，记录高锰酸钾溶液消耗量。

（5）高锰酸钾溶液浓度的标定：将上述已滴定完毕的溶液加热至 70℃，准确加入 10.00 mL 草酸钠标准溶液（0.010 0 mol/L），再用 0.01 mol/L 高锰酸钾溶液滴定到显微红色。记录高锰酸钾溶液的消耗量。

（二）重铬酸钾法的实验方法与步骤

（1）取 20.00 mL 混合均匀的水样（或适量水样稀释至 20.00 mL）置于 250 mL 磨口的回流锥形瓶中，准确加入 10.00 mL 重铬酸钾标准溶液及数粒小玻璃珠或沸石，连接摇动锥形瓶使溶液混匀，加热回流 2 h（自开始沸腾时计时）。

对于化学需氧量高的废水样，可先取上述操作所需体积 1/10 的废水样和和试剂于 15 mm×150 mm 硬质玻璃试管中，摇匀，加热后观察是否呈绿色。如溶液显绿色，再适当减少废水取样量，直至溶液不变绿色为止，从而确定废水样分析时应取用的体积。稀释时，所取废水样量不得少于 5 mL，如果化学需氧量很高，则废水样应多次稀释。当废水中氯离子含量超过 30 mg/L 时，应先把 0.4 g 硫酸汞加入回流锥形瓶中，再加 20.00 mL 废水（或适量废水稀释至 20.00 mL），摇匀。

（2）冷却后，用 90 mL 水冲洗冷凝管壁，取下锥形瓶。溶液总体积不得少于 140 mL，否则因酸度太大，滴定终点不明显。

（3）溶液再度冷却后，加 3 滴试亚铁灵指示液，用硫酸亚铁铵标准溶液滴定，溶液的颜色由黄色经蓝绿色至红褐色即为终点，记录硫酸亚铁铵标准溶液的用量。

（4）测定水样的同时，取 20.00 mL 重蒸馏水，按同样操作步骤作空白试验。记录滴定空白时硫酸亚铁铵标准溶液的用量。

六、结果计算与分析

（一）高锰酸盐指数法的结果计算

（1）按下式求得高锰酸钾的校正系数（k）：

$$k = \frac{10.00}{V}$$

式中：V——高锰酸钾溶液消耗量，mL。

（2）高锰酸盐指数（O_2，mg/L）$= \dfrac{[(10+V_1)K-10] \times c \times 8 \times 1\,000}{100}$

式中：V_1——滴定水样时，消耗高锰酸钾溶液的体积，mL；

K——校正系数（每毫升高锰酸钾标液相当于草酸钠标液的毫升数）；

c——高锰酸钾溶液的浓度，mol/L；

8——氧（1/2 O）的摩尔质量，g/mol。

（二）重铬酸钾法的结果计算

$$COD_{Cr}（O_2，mg/L）=（V_0-V_1）\times c\times 8\times 1\ 000/V$$

式中：c——硫酸亚铁铵标准溶液的浓度，mol/L；

　　　V_0——滴定空白时硫酸亚铁铵标准溶液的用量，mL；

　　　V_1——滴定水样时硫酸亚铁铵标准溶液的用量，mL；

　　　V——水样的体积，mL；

　　　8——氧（1/2 O）摩尔质量，g/mol。

实验三十八　水体生化需氧量（BOD）的测定

一、实验目的

生化需氧量（Biochemical Oxygen Demand，BOD）是表示水中有机物等需氧污染物质含量的一项综合指标。它说明水中有机物处于微生物的生化作用进行氧化分解，使之无机化或气体化时所消耗水中溶解氧的总数量，其单位以 mg/L 表示。因此，BOD 一般指的是微生物可降解的有机物的量，即废水中可降解有机物的量。生物耗氧量包括含碳物质的耗氧量和无机还原物质的耗氧量。其值越高，说明水中有机污染物质越多，污染也就越严重。一般清净河流的 BOD_5 不超过 2 mg/L，若高于 10 mg/L，就会散发出恶臭。工业、农业、水产用水等要求生化需氧量应小于 5 mg/L，而生活饮用水应小于 1 mg/L。本实验的主要目的让学生掌握 BOD 的测定方法与相关技能，深入理解 BOD 的基本概念、影响因素及其作为水体污染表征指标的作用、标准与生态学意义。

二、实验原理

关于 BOD 的测定方法，目前有直接培养法、标准稀释法、瓦勃呼吸法、短日时法、电呼吸计法、高温法、活性污泥快速法、相关估算法和微生物传感器法等。迄今为止，绝大多数国家仍以直接培养及稀释法作为 BOD 标准方法。此方法是测量水体中有机物生化降解所需要的氧以及氧化某些无机物如硫化物、亚铁所消耗的氧。由于此方法测定与微生物密切相关，受着诸多因素的影响，测定的重现性差，因此需严格控制条件，按照操作规程进行。本实验采用稀释接种法测定 BOD_5。这种方法是最经典的也是最常用的方法。

生物耗氧量表示的是水体中所含能与水中所含 O_2 发生生物氧化反应的有机物及其他无机的还原性物质的量。微生物分解有机物的过程较为缓慢，污水中各种有机物得到完全氧化分解的时间，需要 20 d 以上，故为了缩短检测时间，一般生化需氧量指以被检验的水样在 20℃下，通常用培养（5 d）前后水体所含溶解 O_2 的变化量或差值（O_2，mg/L），称其为五日生化需氧量，简称 BOD_5。对生活污水来说，它约等于完全氧化分解耗氧量的 70%。

其测定原理是取原水样或已适当稀释后的水样（其中含有足够的溶解氧能满足 20℃

下 5 d 生化的需要）分为两份：一份当即测定溶解氧的含量；另一份放入培养箱内，在 20℃±1℃培养 5 d 后测定溶解氧含量。前后两者溶解氧量之差值即为 BOD_5。

三、实验内容

掌握稀释接种法测定 BOD_5 的基本原理和操作技能。

四、实验材料与仪器设备

（一）仪器

恒温培养箱、5～20L 细口玻璃瓶、1 000～2 000 mL 量筒、玻璃搅拌棒（棒长应比所用量筒高度长 200 mm，棒的底端固定一个直径比量筒直径略小，并有几个小孔的硬橡胶板）、溶解氧瓶（200～300 mL，带有磨口玻璃塞，并具有供水封用的钟形口）、虹吸管（供分取水样和添加稀释水用）。

（二）试剂

（1）磷酸盐缓冲溶液：将 8.58 g 磷酸二氢钾（KH_2PO_4），2.75 g 磷酸氢二钾（K_2HPO_4），33.4 g 磷酸氢二钠（$Na_2HPO_4 \cdot 7H_2O$）和 1.7 g 氯化铵（NH_4Cl）溶于水中，稀释至 1 000 mL。此溶液的 pH 应为 7.2。

（2）硫酸镁溶液：将 22.5 g 硫酸镁（$MgSO_4 \cdot 7H_2O$）溶于水中，稀释至 1 000 mL。

（3）氯化钙溶液：将 27.5 g 无水氯化钙溶于水，稀释至 1 000 mL。

（4）氯化铁溶液：将 0.25 g 氯化铁（$FeCl_3 \cdot 6H_2O$）溶于水，稀释至 1 000 mL。

（5）盐酸溶液（0.5 mol/L）：将 40 mL（$\rho=1.18$ g/mL）盐酸溶于水，稀释至 1 000 mL。

（6）氢氧化钠溶液（0.5 mol/L）：将 20 g 氢氧化钠溶于水，稀释至 1 000 mL。

（7）亚硫酸钠溶液[c（$1/2Na_2SO_3$）=0.025 mol/L]：将 1.575 g 亚硫酸钠溶于水，稀释至 1 000 mL。此溶液不稳定，需每天配制。

（8）葡萄糖-谷氨酸标准溶液：将葡萄糖和谷氨酸在 103℃干燥 1 h 后，各称取 150 mg 溶于水中，移入 1 000 mL 容量瓶内并稀释至标线，混合均匀。此标准溶液临用前配制。

（9）稀释水：在 5～20L 玻璃瓶内装入一定量的水，控制水温在 20℃左右。然后用无油空气压缩机或薄膜泵，将此水曝气 2～8 h，使水中的溶解氧接近于饱和，也可以鼓入适量纯氧。瓶口盖以两层经洗涤晾干的纱布，置于 20℃培养箱中放置数小时，使水中溶解氧含量达 8 mg/L 左右。临用前于每升水中加入氯化钙溶液、氯化铁溶液、硫酸镁溶液、磷酸盐缓冲溶液各 1 mL，并混合均匀。稀释水的 pH 应为 7.2，其 BOD_5 应小于 0.2 mg/L。

（10）接种稀释水：取适量接种液，加于稀释水中，混匀。每升稀释水中接种液加入量为生活污水 1～10 mL；表层土壤浸出液为 20～30 mL；河水、湖水为 10～100 mL。接种稀释水的 pH 应为 7.2，BOD_5 值以在 0.3～1.0 mg/L 为宜。接种稀释水配制后应立即使用。

五、实验方法与步骤

（一）水样的预处理

（1）当水样的 pH 若超出 6.5～7.5 时，可用盐酸或氢氧化钠稀溶液调节至近于 7，但用量不要超过水样体积的 0.5%。若水样的酸度或碱度很高，可改用高浓度的碱或酸液进行中和。

（2）水样中含有铜、铅、锌、镉、铬、砷、氰等有毒物质时，可使用经驯化的微生物接种液的稀释水进行稀释，或提高稀释倍数，降低毒物的浓度。

（3）含有少量游离氯的水样，一般放置 1～2 h，游离氯即可消失。对于游离氯在短时间不能消散的水样，可加入亚硫酸钠溶液，以除去之。其加入量的计算方法是：取中和好的水样 100 mL，加入 1+1 乙酸 10 mL，10%（m/V）碘化钾溶液 1 mL，混匀。以淀粉溶液为指示剂，用亚硫酸钠标准溶液滴定游离碘。根据亚硫酸钠标准溶液消耗的体积及其浓度，计算水样中所需加亚硫酸钠溶液的量。

（4）从水温较低的水域或富营养化的湖泊采集的水样，可遇到含有过饱和溶解氧，此时应将水样迅速升温至 20℃左右，充分振摇，以赶出过饱和的溶解氧。从水温较高的水域废水排放口取得的水样，则应迅速使其冷却至 20℃左右，并充分振摇，使与空气中氧分压接近平衡。

（二）水样的测定

（1）不经稀释水样的测定：溶解氧含量较高、有机物含量较少的地面水，可不经稀释，而直接以虹吸法将约 20℃的混匀水样转移至两个溶解氧瓶内，转移过程中应注意不使其产生气泡。以同样的操作使两个溶解氧瓶充满水样后溢出少许，加塞水封。瓶不应有气泡。立即测定其中一瓶溶解氧。将另一瓶放入培养箱中，在 20±1℃培养 5 d 后，测其溶解氧。

（2）需经稀释水样的测定：根据经验，稀释倍数由测得的高锰酸盐指数乘以适当的系数求得（表 8-1）。

表 8-1　需经稀释水样的稀释倍数参考值

高锰酸盐指数/（mg/L）	系　　数
<5	—
5～10	0.2、0.3
10～20	0.4、0.6
>20	0.5、0.7、1.0

六、结果计算与分析

（一）不经稀释直接培养的水样

$$BOD_5（mg/L）=\rho_1-\rho_2$$

式中：ρ_1 —— 水样在培养前的溶解氧质量浓度，mg/L；

$\qquad$ ρ_2 —— 水样经 5 d 培养后，剩余溶解氧质量浓度，mg/L。

（二）经稀释后培养的水样

$$BOD_5(mg/L) = \frac{(\rho_1 - \rho_2) - (B_1 - B_2)f_1}{f_2}$$

式中：B_1——稀释水（或接种稀释水）在培养前的溶解氧质量浓度，mg/L；

$\qquad$ B_2——稀释水（或接种稀释水）在培养后的溶解氧质量浓度，mg/L；

$\qquad$ f_1——稀释水（或接种稀释水）在培养液中所占比例；

$\qquad$ f_2——水样在培养液中所占比例。

f_1，f_2 的计算方法为：如培养液的稀释倍数是 10 倍，即 1 份水样，加 9 份稀释水，则 $f_1=9/10$，$f_2=1/10$。

七、注意事项

（1）水中有机物的生物氧化过程分为碳化阶段和硝化阶段，测定一般水样的 BOD_5 时，硝化阶段不明显或根本不发生，但对于生物处理池的出水，因其中含有大量硝化细菌，因此，在测定 BOD_5 时也包括了部分含氮化合物的需氧量。对于这种水样，如只需测定有机物的需氧量，应加入硝化抑制剂。

（2）在 2 个或 3 个稀释比的样品中，凡消耗溶解氧大于 2 mg/L 和剩余溶解氧大于 1 mg/L 都有效，计算结果时，应取平均值。

（3）为检查稀释水和接种液的质量，以及化验人员的操作技术，可将 20 mL 葡萄糖-谷氨酸标准溶液用接种稀释水稀释至 1 000 mL，测其 BOD_5，其结果应在 180～230 mg/L。否则，应检查接种液、稀释水或操作技术是否存在问题。

（4）生物耗氧量的测定实际上是培养前后溶解氧的测定，对于未污染的地表水和地下水，一般只要按规程进行操作，均能获得满意的结果；但对于工业、生活及矿山污水的检测比较复杂，问题的关键在于这些水体含有大量的氧化还原物质，或大量的有机微生物，水体中氧的含量近似于零，必须用合乎要求的接种水对原水进行稀释、培养。

实验三十九　植物光合作用相关参数的测定

一、实验目的

绿色植物吸收阳光的能量，同化 CO_2 和水，制造有机物并释放氧的过程，称为光合作用。光合作用的整个过程可表示为：$CO_2 + H_2O \rightarrow (CH_2O) + O_2$。光合作用所产生的有机物质主要是糖类，贮藏着能量。光合作用形成的有机物所贮藏的化学能，除了供植物本身和全部异养生物之用外，更重要的是可供人类营养和活动的能量来源。人类所利用的能源，如煤炭、天然气、木材等，都是现在或过去的植物通过光合作用形成的。因此，光合作用是地球上绝大多数生态系统能量的主要来源，因此，测量光合作用对农业生产以及生态系统的研究具有重要意义。

本实验要求学生熟悉光合测定仪器的原理及基本构成，掌握植物植物光合作用、呼吸作用和蒸腾作用的测定方法及步骤，进一步理解植物光合作用的影响因素及其生态学意义。

二、实验原理

本实验采用红外线气体分析仪（图 8-3）定量测定植物在光合作用的相关参数。其方法原理是：根据 CO_2 对波长 4.26μm 的红外线存在特定的吸收高峰，不同浓度的 CO_2 吸收的强度不同，被 CO_2 吸收后的红外线能量损耗，损耗的多少与 CO_2 的浓度呈线性关系。通过检测电容器把吸收前后红外线的能量差变为热差，又将热差变为压力差，再把压力差变为电容差，最后将电容差调制为低频的电讯号，经整流，放大后的电讯号，通过记录仪或显示器，就可直接读得 CO_2 浓度的指示值。

图 8-3　LI-6400 便携式光合测定系统

三、实验内容

（一）自然条件下植物叶片光合参数的测定

使用自然光源，测定植物的光合速率 Pn[μmol/（$m^2 \cdot s$）]、叶片温度（T_l）及大气温度（T_a）、相对湿度（RH）、气孔导度 gs[mmol/（$m^2 \cdot s$）]、叶肉细胞间 CO_2 浓度 C_i[μmol/（$m^2 \cdot s$）]。

（二）人工光源条件下植物光饱和点和补偿点的测定

由低到高调节仪器光照强度，例如[0 μmol/（$m^2 \cdot s$）]、[10 μmol/（$m^2 \cdot s$）]、[20 μmol/（$m^2 \cdot s$）]、[50 μmol/（$m^2 \cdot s$）]、[100 μmol/（$m^2 \cdot s$）]、[200 μmol/（$m^2 \cdot s$）]、[400 μmol/（$m^2 \cdot s$）]、[500 μmol/（$m^2 \cdot s$）]、[800 μmol/（$m^2 \cdot s$）]、[1 000 μmol/（$m^2 \cdot s$）]、[1 200 μmol/（$m^2 \cdot s$）]、[1 500 μmol/（$m^2 \cdot s$）]、[1 800 μmol/（$m^2 \cdot s$）]、[2 000 μmol/（$m^2 \cdot s$）]，每个光强测定一次光合强度，当光照强度由0逐渐升高到某一数值时[通常在10～100 μmol/（$m^2 \cdot s$）]，Pn 读数为 0，则此时植物表现为既不吸收 CO_2，也不释放 CO_2，即光合作用与呼吸作用处于动态平衡，此时的光合有效辐射强度（PAR），即为该植物的光补偿点。随

后当仪器光源的光强继续增加，一直到光强度即使再升高，Pn 也不再增加为止。这时的光合有效辐射强度（PAR），就是所测植物叶片的光饱和点（图 8-4）。

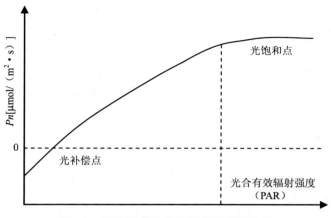

图 8-4　植物叶片的光补偿点以及饱和点

四、实验材料与仪器设备

待测材料：选取阴生和阳生两种不同类型的健康植物。

仪器设备：美国 LI-COR 公司的 LI-6400 便携式光合测定系统、标准 CO_2 瓶。

仪器使用范围：植物单叶或群体光合速率、蒸腾速率、气孔导度、光饱和点和补偿点、二氧化碳饱和点和补偿点等。

五、实验方法与步骤

（一）自然光照条件下植物叶片光合作用参数的测定

1. 开机

打开位于主机右侧的电源开关。仪器在启动后将显示"Is the IRGA connected？（Y/N）"，选择 Y。

2. 叶室配置选择

选择 Factory default（常规），然后回车自动进入主菜单。

3. 手动测量

按 F4 "New Measurements" 菜单进入测量菜单。

（1）设定文件：按 F1 "Open Logfile" 建立新文件。回车后输入自己设定的文件名。当显示屏出现提示 "Enter Remark" 时，输入需要的标记（通常为英文字母或数字，用于标记样地、植物种类、样品号等）。继续回车，文件设置结束。在夹入叶片之前如果 ΔCO_2 大于 0.5 或小于 −0.5，按 F5 "Match" 进行匹配。

（2）测量：选取需要测量的植物叶片（3～5 次重复）。测量时间尽量选择在晴朗的上午 10：00～11：30 最好。

（3）向 Bypass 方向拧紧碱石灰管和干燥管上端的螺母。夹上叶片，尽量让叶片充满整个叶室空间，面积为 6 cm^2，若叶片面积过小需测量叶片的实际面积，并在测量菜单状态下按数字"3"后按 F1 来修改叶面积的值，关闭叶室，旋紧固定螺丝至适度位置。

（4）等待 C 行 PHOTO 读数稳定（小数点后最后一位数字的波动在 2 左右）后，即可记录（按 F1"LOG"按钮或者按分析仪手柄上的黑色按钮 2 s 即可记录一组数据）。

（5）换叶片进行下一次测量。重复（2）～（4）步骤。

4. 数据输出

将计算机与光合仪连接，调整仪器状态（主菜单下按 F5"UTILITY"进入应用菜单，选择"FILE EXCHANGE"，回车即可）。运行 WINFX 软件，选择 CONNECT。之后将 LI-6400 内的"USER"文件夹下的数据文件拖到计算机中的某个相应的文件夹下即可。选择所对应的文件，用 Excel 软件打开，即可使用数据。

5. 关闭仪器

按"ESCAPE"按钮退回到主菜单下，松开叶室（留一点缝隙），两个化学管螺母拧至中间松弛状态，关闭主机。取出电池充电。需要说明的是，如使用中电力不足，仪器会出现声音提示和文字提示，需更换电池。

（二）人工光源条件下植物光饱和点和补偿点的测定

1. 开机

打开位于主机右侧的电源开关。仪器在启动后将显示"Is the IRGA connected? （Y/N）"，选择 Y。

2. 叶室配置选择

LED 室（6400-02B 红蓝光源），然后回车自动进主菜单。

3. 手动测量步骤

按 F4"New Measurements"菜单进入测量菜单。

（1）设定文件：按 F1"Open Logfile"建立新文件。回车后输入自己设定的文件名。当显示屏出现提示"Enter Remark"时，输入需要的标记（通常为英文字母或数字，用于标记样地、植物种类、样品号等）。继续回车，文件设置结束。在夹入叶片之前，如果 △CO$_2$ 大于 0.5 或小于–0.5，按 F5"Match"进行匹配。

（2）光强控制：本功能在连接 6400-02B 红蓝光源条件下使用。在测量菜单下按数字"2"，按 F5 选择"Quantum Flux"回车，输入您需要的光强值即可。

（3）CO$_2$ 控制：需要连接上 6400-01 CO$_2$ 注入系统，并在主菜单下选择 F3"Calib"按钮进入校准菜单。将叶室关闭拧紧，把 CO$_2$ 过滤管的螺丝拧到"SCRUB"状态。利用上下箭头选择"CO$_2$ Mixer Calibrate"，回车，等待系统自动进行校准后，回到测量菜单，按数字 2，按 F3 设置 REF CO$_2$ 浓度即可进行测量。

（4）测定完成后，关闭气流、温度、光强控制，退到主菜单。

4. 数据输出

同自然光照条件下的相应操作步骤。

5. 关闭仪器

同自然光照条件下的相应操作步骤。

六、结果计算与分析

（1）观察阴生植物和阳生植物叶片在形态结构上的差别，并比较这两类植物的光合参数，包括光合速率 Pn、叶片温度（T_1）及大气温度（T_a）、相对湿度（RH）、气孔导度 gs、叶肉细胞间 CO_2 浓度 Ci 等指标的差异，以及相关参数之间的变化与作用关系。

（2）利用 Excel 软件，绘制阳生植物和阴生植物的光合一光强曲线，并根据曲线计算所测植物的光饱和点和光补偿点，在此基础上比较这两类植物光合作用特征的区别。

七、注意事项

（1）若光合作用测定仪中有 2/3 干燥剂颜色发红需要立即更换；

（2）当使用 CO_2 钢瓶时，必须先调零再装钢瓶；

（3）应使用无色透明缓冲瓶，且体积以不小于 2L 为佳，出气口与进气口要尽可能远。

实验四十　植物根系特征的测定

一、实验目的

根系是连接植物与土壤的桥梁和通道，在植物-土壤生态系统中发挥着重要的生态作用。本实验的主要目的是让学生掌握草本植物根系的形态特点，了解植物根系的采集与观测方法，掌握根系扫描仪的使用方法和根系形态指标的测定方法，在此基础上，分析探讨植物根/冠比与干物质分配的大小变化及其生态学意义。

二、实验原理

根系是植物重要的功能器官，它不但为植物吸收养分和水分、固定地上部分，而且通过呼吸和周转消耗光合产物并向土壤输入有机质。植物的根可分为直根系和须根系。主根和侧根有明显区别的是直根系；主根和侧根无明显差别或全部由不定根构成的称为须根系。

植物根系的采集和生长构型的观察方法一般有挖掘法和非挖掘法两类。挖掘法主要有干掘法、水压挖掘法、气压挖掘法、原状土柱法、网袋法、简易根箱法、塑料管土柱法、三维坐标容器法等；非挖掘法主要有雾培法、沙培法、水培法、同位素示踪法等。

三、实验内容

（1）草本植物根系的采集与清洗方法；

（2）根系形态特征的观察与扫描测量；

（3）根系形态参数的计算。

四、实验材料与仪器设备

根系扫描仪、烘箱、土钻、工具刀、牛皮纸袋、烧杯、玻棒、铜筛、医用纱布、卷纸、电子天平等。

五、实验方法与步骤

（一）地上部分的收集

每小组选取生长状况不同的 1～2 个样地（点），进行植物样本地上部和地下部分的采集。用工具刀割取一定面积的地上部分，将绿叶与黄叶分开，分别置于牛皮纸袋中，记上编号和日期。将样品带回实验室。

（二）地下部分的收集

用土钻钻取土柱，将土柱取出，置于 1 000 mL 烧杯中，将样品带回实验室。当进行根系的采集时，一定要以待采植株作为中心来挖掘。挖掘和清洗根系时要小心，不能损伤根系。

（三）根系的冲洗

用自来水冲洗土柱并搅动，使土粒充分脱离根系，过 50 mm（40 目）铜筛，如仍有细土附着，再置细纱布上用手细揉冲洗，直至冲洗干净。将活根与死根分离，用吸水纸将根系表层的水吸干，以进行根系形态观察和根系参数的测定。

（四）根系形态观察与测定

将冲洗干净的根用根系扫描仪进行扫描。扫描结束后把根系图像以图形文件格式存储到计算机中，用根系分析软件计算总根长、根体积、根系的总表面积、根平均直径、根尖数等根系形态指标。

（五）鲜重和干重的测定

将收集的地上部植株和根系分别称重，得到其鲜重（W_1），再分别置于75℃烘箱中烘干至恒重，称重（W_2）。计算相对含水率和根冠比。

地上部植株（或根系）的相对含水率=（W_1-W_2）/W_1×100%

根冠比=根系的干重：地上部植株的干重

六、结果计算与分析

（1）对已测得的不同植物的根系形态参数（根长、根表面积、根体积等）进行比较分析并探讨其生态学意义；

（2）对不同植物的根冠比大小进行了比较分析，探讨其生态学意义。

实验四十一　土壤温室气体排放通量的测定

一、实验目的

CH_4、N_2O 是重要的温室气体，它们对全球气候变暖的增温贡献分别是 15% 和 5%，大气中这些温室气体的增加主要是人类活动的结果，其中农业生产的贡献占相当重要的比例。据估计，大气中的 70% CH_4 和 90% N_2O 来源于农业活动和土地利用方式的转换等过程，其中 CH_4、N_2O 的单位分子的增温潜势分别是 CO_2 的 23 倍和 296 倍。因此，加强对温室效应气体排放的测定对研究全球变化具有十分重要的意义。本实验的主要目的是让学生了解国内外目前对温室气体的采集、测定和计算的方法，同时，熟悉 CH_4、N_2O 排放的田间收集方法和室内检测方法与相关技能，并进一步理解农业活动对全球变化的影响与贡献以及相应的减排对策。

二、实验原理

植物经过光合作用产生的有机碳被利用，通过植物本身的呼吸作用产生 CO_2，再次排入大气或在土壤微生物的作用下腐烂分解生成 CO_2 再排入大气。土壤中 CH_4 则是在厌氧条件下，产甲烷菌分解土壤中的有机质而产生，并经由植物体或直接扩散逸出进入大气，因此，在一般情况下，湿地系统排出的 CH_4 量要高于旱地系统。农业生态系统排放的 N_2O 也是由土壤中微生物活动产生的。其中之一是反硝化过程，在通气不良条件下，由土壤微生物将硝酸盐或硝态氮还原成氮气（N_2）或氧化氮（N_2O、NO）的过程；另一机制是硝化作用，它是在通气条件下土壤中硝化微生物将铵盐转化为硝酸盐，其中释放出部分 N_2O。

温室气体的采集主要采用静态箱法。静态箱的规格可根据具体情况设计，箱体框架采用不锈钢材料，四周及顶部为透明有机玻璃黏合，用硅胶垫密并通过密封性测试，底部采用铝质框架，上部有宽 0.05 m，深 0.01 m 的水槽，保持静态箱密封，防止温室气体泄漏。底座外槽有内径为 0.02 m 的小孔，用来交换内外气体。底座直接插入水中 0.10～0.15 cm 进行测定。上部箱体内配置有 100 mm 风扇用来混匀气体，同时配有温度计用于测定箱体温度（图 8-5）。在有条件的情况下，可以配置自动控制电路板，箱体内各部件的运转和气体采集均采用电脑控制自动进行。

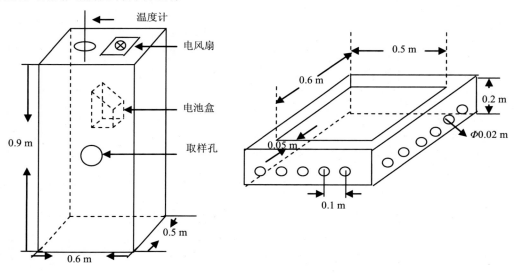

图 8-5　静态箱的结构

三、实验内容

（1）稻田土壤 CH_4 和 N_2O 排放的野外采集装置的安装与采集。

（2）利用气相色谱仪测定稻田土壤 CH_4 和 N_2O 的含量。

四、实验材料与仪器设备、器材、实验场地

实验材料：CH_4 和 N_2O 标准气体、注射器、气体采样袋、旋转三通阀；

实验设备：静态箱、气相色谱仪。

五、实验方法与步骤

（一）静态箱的制作与安置

本实验中采用的静态箱如前所述（图 8-5），规格分别为高 0.90 m，底面尺寸 0.60 m×0.50 m，箱体侧面有采样孔，观测时用胶塞密封。在稻田内选取适当位置，将静态箱底座插入稻田土层 5～10 cm，底座内含有生长水稻。取样时将上层水槽注满水，静态箱垂直安放在底座凹槽内并用水密封，保证箱内气体与大气不进行交换。为避免进入稻田取样时的人为扰动，可以在田埂至取样点搭一木板，供研究人员进入取样。

（二）温室气体的采集

一般选择上午时间作为采样时间，采样时先接通电扇电源，使电扇工作 2 min 以充分混合箱内气体，用 120 mL 注射器采集 100 mL 气体样品，采样时间间隔设为 0 min、10 min、20 min、30 min，通过旋转三通阀转移到 0.5 L 气体采样袋备测。

（三）温室气体的测定

采用气相色谱法进行，将采集的气体通过滤水滤尘装置后进入气相色谱，CH_4 和 N_2O 浓度的分析用气相色谱仪器测定，CH_4 和 N_2O 浓度的标准样品由国家标准物质中心提供。CH_4 的参考测定条件为：色谱柱温度为 75℃；检测器（FID）温度 180℃；载气 N_2（＞99.999%），流速 2 mL/min；燃气 H_2（＞99.99%），流速 30 mL/min；助燃气为空气，流速 300 mL/min；进样量 1 mL，流速为 40 mL/min。N_2O 的参考测定条件为：色谱柱温度为 65℃；检测器（ECD）温度 300℃；进样器的温度 100℃；载气氩甲烷（95%氩气＋ 5%甲烷），流速 40 mL/min；进样量 1 mL，流速为 40 mL/min。

六、结果计算与分析

（1）温室气体排放通量的计算：CH_4、N_2O 的排放通量（f）可依据下列公式进行计算，并将结果记录在表 8-2 中。

$$f = \frac{V}{A}\frac{\Delta C}{\Delta t}$$

式中：f——CH_4（N_2O）排放通量，mg/（$m^2 \cdot h$）；

V——静态箱中土壤以上的空间体积，m^3；

A——静态箱的横截面积，m^2；

ΔC——某一采样时间段内温室气体的质量浓度差，mg/m^3；

Δt——两次温室气体采样的时间间隔，h。

表 8-2　温室气体（CH_4 和 N_2O）排放通量的日变化情况

时间	$CH_4/[mg/（m^2 \cdot h）]$	$N_2O/[mg/（m^2 \cdot h）]$
8：00		
10：00		
12：00		
14：00		
16：00		

（2）根据观测结果，分析两种温室气体排放的高峰期；对比二者的排放规律是否有所不同；探讨温度和温室气体排放通量的关系。

七、注意事项

（1）取样时注意密封，避免气体泄漏；采集的气样及时测定。

（2）气相色谱法测定 CH_4 和 N_2O 的条件需要根据具体的仪器型号进行相应的调整。

<h1 style="text-align:center">主要参考文献</h1>

[1]　Bouwman A F. Soils and the greenhouse effect[M]. Chichester：John Wiley and Sons，1990：78.

[2]　Donald J W，Katharine H. Atmospheric methane and global change[J]. Earth Science Reviews，2002，57：177-210.

[3]　IPCC. Climate Change 2001：The Scientific Basis：Chapter 4.Atmosphere Chemistry and Greenhouse Gases[M]. Cambridge：Cambridge University Press. UK 2001.

[4]　IPCC.Climate Change，Radiative forcing of climate change and anevaluation of the IPCC IS92 emission scenarios[M]. Cambridge，UK：Cambridge University Press，1995.

[5]　Zhang Jia en，Ying Ouyang，Huang Zhao xiang . Characterization of Nitrous Oxide Emission from a Rice-Duck Farming System in South China[J]. Arch Environ Contam Toxicol，2008，54：167-172.

[6]　Rodhe H. A comparison of the contribution of various gases to the greenhouse[J]. Science，1990，248：1217-1219.

[7]　Rohan GC，Richard DB. How changes in soil faunal diversity and composition within atrophic group influence decomposition processes[J]. Soil Biology & Biochemistry，2001，33：2073-2081.

[8]　Schijtz H，Seiler W，Conrad R. Processes involved in formation and emission of methane in rice paddies[J]. Biogeochemistry. 1989，7：33-53.

[9]　Yang S S，Liu CM，Lai CM，et al. Estimation of methane and nitrous oxide emission from paddy fields and up lands during 1990—2000 in Taiwan[J]. Chemosphere，2003，52：1295-1305.

[10]　安裕敏. 土壤铬的测定方法探讨[J]. 微量元素与健康研究，2007，24（5）：45-46.

[11] 鲍士旦. 土壤农化分析[M]. 北京：中国农业出版社，2007.

[12] 丁勇，周淑芹，赵国柱. 土壤铬测定方法及注意事项[J]. 现代化农业，1999，（2）：12-13.

[13] 国家环境保护总局. 水和废水监测方法[M]. 北京：中国环境科学出版社，2002.

[14] 李琳，胡立峰，陈阜，等. 长期不同施肥类型对稻田甲烷和氧化亚氮排放速率的影响[J]. 农业环境科学学报，2006，25：707-710.

[15] 刘军，刘春生，纪洋，等. 土壤动物修复技术作用的机理及展望[J]. 山东农业大学学报：自然科学版，2009，40（2）：313-316.

[16] 卢迎春，王燕，王菊香. 水样中溶解氧、化学需氧量、生物耗氧量的测定注意事项[J]. 光谱实验室，2008，25（3）：387-389.

[17] 宋文质，王少彬，苏维瀚，等. 我国农田土壤的主要温室气体 CO_2、CH_4、N_2O 排放研究[J]. 环境科学，1996，17（1）：85-88.

[18] 王明星. 中国稻田甲烷排放[M]. 北京：科学出版社，2001.

[19] 吴忠标. 环境监测[M]. 北京：化学工业出版社，2003.

[20] 奚旦立、孙裕生、刘秀英. 环境监测（第 2 版）[M]. 北京：高等教育出版社，2000.

[21] 忻介六. 土壤动物知识[M]. 北京：科学出版社，1986.

[22] 许大全，沈允钢. 光合作用的限制因素[M]. 北京：科学出版社，1998.

[23] 许大全. 光合作用效率[M]. 上海：上海科学技术出版社，2002.

[24] 杨林章，徐琪. 土壤生态系统[M]. 北京：科学出版社，2005：35-36.

[25] 尹文英，等. 中国土壤动物检索图鉴[M]. 北京：科学出版社，1998.

[26] 尹文英，等. 中国亚热带土壤动物[M]. 北京：科学出版社，1992.

[27] 余向阳，骆爱兰，刘贤进. 小麦中多菌灵残留量的 HPLC 分析方法研究[J]. 现代农药，2004，3（1）：17-19.

[28] 展茗，曹凑贵，汪金平，等. 复合稻田生态系统温室气体交换及其综合增温潜势[J]. 生态学报，2008，28（11）：5461-5468.

[29] 张青喜，黄青霄. 土壤铬介析中几个影响因素的实验研究[J]. 中国卫生检验，1997，7（2）：94-96.

[30] 章家恩. 生态学常用实验研究方法与技术[M]. 北京：化学工业出版社，2007.

[31] 中国科学院南京土壤研究所微生物室. 土壤微生物研究法[M]. 北京：科学出版社，1985.

[32] 周群英，高廷耀. 环境工程微生物学. 2 版[M]. 北京：高等教育出版社，2000.

[33] 朱立安，魏秀国. 土壤动物群落研究进展[J]. 生态科学，2007，26（3）：269-273.

[34] 邹昱. 微波消解在土壤中总铬测定中的应用[J]. 环境与健康，2008，25（2）：162-163.

第九章　生态学实验数据统计分析的基本方法

　　生态学研究需要先对自然界或实验室中的生态现象进行调查、观测和科学实验，再对数据资料进行分析综合，找出生态学规律。对各种原始数据或资料进行整理、加工，并根据研究的对象、目标等进行整合、变换、检验和处理也是生态学研究的基本环节。本章将介绍对生态学本科学生实验常用的一些数据处理和分析方法，具体的运算可以结合计算机统计软件或相关软件来完成。

第一节　生态学实验数据的整理与表示方法

　　数据是生态学研究的基础。生态实验的数据主要来源于野外调查、室内化验分析、定位或半定位观测，以及从地图、航拍照片、卫星影像片上提取信息，或者从有关部门收集、统计和咨询来得到。这些大量的生态学原始数据，常出现计量单位和量纲不一致、观测时间有差别、观测数据有缺失、重复或相互矛盾、准确性差等现象。在进行分析之前，根据研究需要对数据进行处理是很有必要的。下面将对数据的性质、特点、数据转换和标准化、描述性统计的方法等进行介绍。

一、生态学实验数据的主要类型与转化

（一）生态学实验数据的主要类型

根据不同的标准，可将生态学实验数据分成不同的类型。

1. 名称属性数据

用以描述性事物属性或特征的数据，统称为描述性属性数据，多用文字表示。有的数据虽然也可以用数值表示，但是数值只代表属性的不同状态或类型，并不代表其量值，这类数据称为名称属性数据。比如，5 个土壤类型可以用 1、2、3、4、5 表示。这类数据在数量分析中各状态的地位是等同的，而且状态之间没有顺序性。根据状态的数目，名称属性数据可分成两类：二元数据和无序多状态数据。

　　（1）二元数据：是指具有两个状态的名称属性数据。如植物种在样方中存在与否，雌、雄同株的植物是雌还是雄，植物具刺与否等，这种数据往往决定于某种性质的有无，因此也叫定性数据（Qualitative data）。对二元数据一般用 1 和 0 两个数码表示，1 表示某属性或特征的存在，而 0 表示不存在。

　　（2）无序多状态数据：是指含有两个以上状态的名称属性数据。比如 4 个土壤母质的类型，它可以用数字表示为 2、1、4、3，同时这种数据不能反映状态之间在量上的差异，

只能表明状态不同，或者说类型不同。比如不能说 1 与 4 之差在量上是 1 与 2 之差的 3 倍，这种数据在数量分析中用得很少，在分析结果表示上有时使用。

2．顺序性数据

这类数据也是包含多个状态，不同的是各状态有大小顺序，也就是它在一定程度上反映量的大小。比如，将植物种覆盖度划为 5 级，1=0%～20%，2=21%～40%，3=41%～60%，4=61%～80%，5=81%～100%。这里 1～5 个状态有顺序性，而且表示盖度的大小关系。比如，5 级的盖度就是明显大于 1 级的盖度，但是各级之间的差异又是不等的，比如盖度值分别为 80% 和 81% 的两个种，盖度仅差 1%，但属于两个等级 4 和 5；而另外两个盖度值分别为 41% 和 60%，相差 19%，但属于同一等级。顺序性数据作为数量数据的简化结果在植被研究中有着较广泛的应用，但在数量分析中，这种数据所提供的信息显然不如数量数据。因此，使用并不十分普遍。

3．数量属性数据

数量属性数据简称为数量数据，它是实际测得的数值。这些值可以是连续的数值，称为连续数据，也可以是不连续的枚举数值，叫做离散数据。前者可以是任何数值（包括小数部分），比如植物的高度，可能是 5 m，也可能是 5.21 m；而后者只包括 0 和正整数，比如植物个体的数目，可以是 1、5 或 20 等数目，但不能是 5.2。连续数据和离散数据一般在数量分析中等同对待，二者也很容易相互转化。

（二）不同数据类型之间的转化

从理论上讲，上述各种数据类型之间都可以相互转化，在研究中经常碰到的情况有以下几种。

1．二元数据转化为多状态数据

二元数据可看做是多状态数据的特例，二元数据 0 和 1 不能看作数值，而只是代表每个不同状态的符号，最好与其他多状态属性的状态标志统一，或者用"1"，"2"或用"A"，"B"来表示两个状态。

2．二元数据转化为数量数据

只要将二元数据的"0"和"1"当做数值对待，就可以直接与别的数量数据同样参加运算。

3．多状态数据转化为二元数据

一个具有 n 个（$n>3$）状态的无序多状态数据可以转化为 n 个二元数据。例如，土壤颜色分红、黑、黄 3 个状态，则可转化为二元数据：红与非红、黑与非黑、黄与非黄。原来每个状态用 3 个二元数据表示，如表 9-1 所示。

表 9-1　3 个状态数据转化为二元数据

二元数据 ＼ 状态	红	黑	黄
红与非红	1	0	0
黑与非黑	0	1	0
黄与非黄	0	0	1

这样原来多状态数据的 3 个状态用 3 个二元数据来表示，实现了类型的转化。

有序多状态数据同样可转化为多个二元数据，由于顺序状态的特点，n 个状态的数据只需转化为 n-1 个二元数据，例如，土壤分强酸性、弱酸性、弱碱性和强碱性 4 个状态，可转化为 3 个二元数据：酸性与碱性、强酸性与非强酸性、强碱性与非强碱性，如表 9-2 所示。

表 9-2　4 个状态数据转化为二元数据

状态 二元数据	强酸性	弱酸性	弱碱性	强碱性
酸性与碱性	1	1	0	0
强酸性与非强酸性	2	0	0	0
强碱性与非强碱性	0	0	0	1

4．多状态数据转化为数量数据

多状态数据转化为数量数据较为复杂。顺序数据往往是根据某一数量数据的取值范围分等级而来的。如有些原始数据在分级处的估计数值，当然可近似地用此数据；或者虽然不是原指标的实际值，能反映分级的间隔关系的假想值也行。例如，可将"无"、"一半"、"全部" 3 种状态转化为数 0，5，10。在有些情况下，依次标志状态的序号 1，2，3，…，也可作数值用，因为它表现了状态间的顺序关系，但对无序多状态数据不能这样简单处理。

5．数量数据转化为二元数量

数量数据转化为二元数量相对比较容易，一般选一阈值，大于或等于该阈值的值记为 1，小于该阈值的值记为 0，就变成了二元数据，这种转化显然损失不少信息，所以只有对一些特殊的只能使用二元数据而不能使用数量数据的分析方法才进行这样的转化。

6．数量数据转化为多状态数据

数量数据转化为多状态数据，一般要求在其取值范围内适当分成若干等级即可。比如，土壤 pH 测量值，标准划分为：1=3.5～4.5，2=4.6～5.5，3=5.6～6.5，4=6.6～7.5，将观测到的 pH 数量值换成相应的等级值 1～4，就变成了有序多状态数据，至于两级之间的间距多大、应该分为多少个等级等这类问题，则需从专业的角度加以考虑，而不是数学问题。

二、生态学数据的预处理

生态学中研究的数据来源和类型多种多样，未加整理的数据很难进行分析，故首先应对这些数据进行加工整理，使之系统化、条理化，以符合统计分析的需要。概括起来，实验数据资料预处理的过程包括数据审查、数据清理、数据转换和数据验证四大步骤。

1．对原始数据或资料进行审查

生态学数据整理首先是要对统计调查得来的资料进行检查和审核，审核的内容如下：①数据的完整性。要检查预定调查对象的数据是否齐全，调查所规定的资料的项目是否完整。②数据的正确性。要检查调查资料的有关项目的内容是否合理，不同的项目之间的数据有无矛盾之处。还要检查调查数据在计算上有无错误，例如，可以对列联表中的有关合计数字纵横相加，以验证计算是否正确。③数据的及时性。检查所获得的数据是否符合调查时间上的要求。

2．数据清理

该步骤针对数据审查过程中发现的明显错误值、缺失值、异常值、可疑数据，选用适当的方法进行处理，有利于后续的统计分析得出可靠的结论。

3．数据的转换

数据转换的目的：一是为了改变数据的结构，使其能更好地反映生态关系，或者更好地适合某些特殊分析方法。比如，非线性关系的数据通过平方根转换可以变成线性结构，这样对线性方法，比如主成分分析就更为合适。二是为了缩小属性间的差异性，由于属性的量纲不同，往往不同属性间的数据差异很大，比如，不同的环境因子测量值，对数转换可使得数据值趋向一致。三是从统计学上考虑。如果抽取的样品偏离正态分布太远，可以进行适当转换。数据转化是通过某一运算规则实现的，依运算规则的不同，有如下类型：

（1）对数转换　即取原始数据的对数值，可以是自然对数 $\ln X$，也可以是以 10 为底的对数 $\lg X$，在有 0 值的情况下，可以先将原始数据全部加上 1，对结果影响不大，即 $\ln (X+1)$ 或 $\lg (X+1)$。对数转换是最常用的方法，它可以使不同属性间的差异缩小。

（2）平方根转换　平方根转换也是最常用的转换方法之一，是将原始数据开平方，变换公式可表示为：$X' = \sqrt{X}$，它可以使具有二次关系的数据结构趋向于线性化。当原始数据中有小值或零时，可用 $X' = \sqrt{X + 0.5}$。

（3）倒数变换　常用于数据两端波动较大的资料，可使极端值的影响减小。变换公式为：$X' = 1 / X$。

（4）平方根反正弦变换　常用于服从二项分布的率或百分比数据资料。一般地，当总体率较小（<30%）或较大（>70%）时，通过平方根反正弦变换，可使资料接近正态。变换公式为：$X' = \sin^{-1} \sqrt{X}$。

除以上几种常见的方法外，还有不少其他转换方法。究竟需不需要转换，用什么转换方法较好，不能一概而论，主要取决于所研究的数据类型和变化幅度。现有很多通用软件一般都将转换方法编入程序，使用者可以选不同的方法，以比较它们的结果。

4．数据的标准化处理

在研究中，为了消除实验中不同来源或属性数据的量纲影响、变量自身变异大小和数值大小的影响，常需要进行数据的标准化处理，常用的数据标准化方法有：

（1）中心化变换（Data centralization）　也称均值中心化，是将原数据集的每一个元素减去该元素所在列的均值：

$$x'_{ij} = x_{ij} - \bar{x}_j \qquad (i = 1, 2, \cdots, n; j = 1, 2, \cdots, p)$$

式中：x_{ij}——原始量测值，是原数据矩阵 X 中第 i 行第 j 列的元素；

x'_{ij}——均值中心化处理后的第 i 行第 j 列的元素；

$\bar{x}_j$——矩阵 X 中第 j 列第 n 个样本的平均值，$\bar{x}_j = \dfrac{1}{n} \sum\limits_{i=1}^{n} x_{ij}$。

在样本数据集中特征或变量类型基本相同，大小范围基本一致，比如 X 全部是由植物光合作用速率构成时，常采用此法。中心化变换后的数据 x'_{ij} 具有每一列的均值都等于零的性质。

（2）标准化变换　所谓标准化是在中心化的基础上再作变换，它确保各变量的变化范围相等。当用不同的方法衡量变化范围时，就有不同的标准化变换方法。常用的有：

① 最大最小归一化法　将数据对象的每一属性分量的取值除以该属性上取值的绝对值的最大值，即：

$$x'_{ij} = \frac{x_{ij}}{\max_i |x_{ij}|} \quad (i = 1, 2, \cdots, \ n; j = 1, 2, \cdots, \ p)$$

归一化后数据的取值介于−1～1。该方法对于具有类均匀分布的数据较好，而当数据集包含噪声时则不够理想。

② 总和标准化　将数据对象的各分量除以全体数据在该分量上的取值之和。

$$x'_{ij} = \frac{x_{ij}}{\sum_{i=1}^n x_{ij}}, \quad (i = 1, 2, \cdots, \ n; j = 1, 2, \cdots, \ p)$$

这种标准化方法所得的新数据集满足：

$$\sum_{i=1}^n x'_{ij} = 1 \quad (j = 1, 2, \cdots, \ p)$$

③ 均值标准差标准化　均值标准差标准化方法特别适用于符合正态分布的数据，处理后的绝大多数数据值将位于−1～1。

$$x'_{ij} = \frac{x_{ij} - \mu_j}{\sigma_j} \quad (i = 1, 2, \cdots, n; \ j = 1, 2, \cdots, \ p)$$

其中 μ_j，σ_j 分别为第 j 列全部数值的均值和标准差。采用这种方法所得标准化后的数据满足：

$$\mu'_j = \frac{1}{n}\sum_{i=1}^n x'_{ij} = 0, \quad \sigma'_j = (\frac{1}{n}\sum_{i=1}^n (x'_{ij} - \mu'_j)^2)^{\frac{1}{2}} = 1$$

④ 极差标准化　经过这种标准化所得的新数据集在各分量上的极大值为 1，极小值为 0，其余的数值均在 0～1。

第 j 个变量的极差为：

$$R_j = \max_{1 \leqslant i \leqslant n}(x_{ij}) - \min_{1 \leqslant i \leqslant n}(x_{ij}) \quad (j = 1, 2, \cdots, \ p)$$

第 j 个变量的 n 个数据所实施的极差标准化为：

$$x_{ij} = \frac{x_{ij} - \overline{x}_j}{R_j} \quad (i = 1, 2, \cdots, \ n)$$

5. 数据验证

数据验证的目的是初步评估和判断数据是否满足统计分析的需要，决定是否需要增加或减少数据量。利用简单的线性模型，以及散点图、直方图、折线图等图形进行探索性分析；利用相关分析、一致性检验等方法对数据的准确性进行验证，确保不把错误和具有偏差的数据代入数据统计分析中。

上述 5 个步骤是一个逐步深入、由表及里的过程。先是从表面上查找容易发现的问题（如数据记录个数、最大值、最小值、缺失值或空值个数等），然后对发现的问题进行处理，即数据清理，紧接着提高数据的可比性，对数据进行一些变换，使数据形式上满足分析的需要，最后则是进一步检测数据内容是否满足分析需要，诊断数据的真实性及数据之间的协调性等，确保优质的数据进入分析阶段。

三、生态学实验数据的描述性统计

描述性统计是指对所搜集的大量数字资料进行整理、概括，寻找数据的分布特征，用以反映研究对象的内容和实质的统计方法。例如，对原始数据资料用归组、列表、图示等方法加以归纳、整理，为进一步处理数据资料做好准备工作。计算集中量指标（如算术平均数、中位数）来反映数据的集中趋势；计算差异量数指标（如标准差、百分位距）来反映数据的离散程度；计算相关量数指标（如相关系数）来反映数据的相关程度等。描述统计可使无序而庞杂的数字资料成为有序而清晰的信息资料，在原始数量很大的情况下，可以借助计算机专业软件或相关软件来完成。下面将对涉及生态学本科学生实验常用的数据处理方法做一些介绍。

（一）分组数据统计表和频数直方图

通过观察或试验得到的样本值，一般是杂乱无章的，需要进行整理才能从总体上呈现其统计规律性。分组数据统计表或频率直方图是两种常用整理方法。

1. 分组数据表

当样本值较多时，可将其分成若干组，分组的区间长度一般取成相等，组数应与样本容量相适应。分组太少，则难以反映出分布的特征；若分组太多，则由于样本取值的随机性而使分布显得杂乱。因此，分组时，确定分组数（或组距）应以突出分布的特征，并削弱样本的随机波动性为原则。

在统计分析中，通常计算组中值来代表各组标志值的平均水平，当各组标志值均匀分布时，组中值所代表的各组标志值的水平，其代表性就高。组中值，就是组的上下限之间的中点数值，计算公式：

$$闭口组的组中值＝（上限＋下限）/2$$
$$缺下限的开口组组中值=上限–邻组组距/2$$
$$缺上限的开口组组中值=下限＋邻组组距/2$$

例 1：对某试验区 110 株桉树苗的高度进行测量（单位：cm），实验观测数据如下，编制次数分布。

154	133	116	128	85	100	105	150	118	97	110	131	119	103	93	108	100
111	130	104	135	113	122	115	103	90	108	114	127	87	127	108	112	100
117	121	105	136	123	108	89	94	139	82	113	110	109	118	115	126	106
108	115	133	114	119	104	147	134	117	119	91	137	101	107	112	121	125
103	89	110	122	123	124	125	115	113	128	85	113	143	80	102	132	96
129	83	142	112	120	107	110	111	100	97	111	131	109	145	93	135	98
142	127	106	110	101	116	110	123									

分析上述数据时，可按以下步骤进行：

（1）先将 110 个数据排序，找出最大值 154 和最小值 80，这个数列的全距 $R=154-80=$ 74 cm。

（2）根据斯透奇斯规则，组数 m 可通过下式确定：$m = 1 + 3.322 \times \lg N$（$N$ 为数据个数），本例中的组数：$m = 1 + 3.322 \times (\lg 110) = 7.78$，再根据组数与组距的关系确定组距：$i = R/m =$ 74/7.78 =9.51（cm）。根据以上的计算结果，组数定为 8 组；组距定为 10 cm。需要注意的是，当用经验公式计算 m 和 i 时，计算结果的取舍，不采用四舍五入法，而采用舍去进一法，即：只要有小数，就把小数舍去，并在整数位上加 1。这种做法保证次数分布表有足够宽的覆盖区间。另外，一般来说，组距宜于取整百整十，起始组的下限也易于取整百整十。

（3）根据所定组数和组距确定组限。第一组下组限定为 80，第一组上组限则为 90（即 80+10）；第二组下组限就是第一组上组限，第二组上组限为 100；……依此类推，第八组下组限是 150，其上组限则为 160。这样共有 8 个下组限和 8 个上组限。由于有重合值，故只有 9 个组限值。

（4）进行归组，即将各个变量值归入相应的组中，比如 154 归入第八组（150～160），133 归入第六组（130～140），……依此类推。最后的结果用次数分布显示（表 9-3）。

表 9-3　树苗高度的次数分布

桉树苗高度 x /cm	树苗数 f /棵
80～90	8
90～100	9
100～110	26
110～120	30
120～130	18
130～140	12
140～150	5
150～160	2
合计	110

对表 9-3 中的数据进行计算汇总，得到一个内容更加丰富的次数分布（表 9-4）。

表 9-4　桉树苗高度的次数分布

桉树苗高度 x/cm	频数 f/棵	频率/%	向上累积		向下累积	
			频数/棵	频率/%	频数/棵	频率/%
80～90	8	7.3	8	7.3	110	100.0
90～100	9	8.2	17	15.5	102	92.7
100～110	26	23.6	43	39.1	93	84.5
110～120	30	27.3	73	66.4	67	60.9
120～130	18	16.4	91	82.7	37	33.6
130～140	12	10.9	103	93.6	19	17.3
140～150	5	4.5	108	98.2	7	6.4
150～160	2	1.8	110	100.0	2	1.8
合计	110	100	—	—	—	—

将各组的频数除以总次数，得到频率，用以代表各组占总次数的比率。如 30/110=27.3%，则表示树苗高度在 120～130 cm 的树苗占所有树苗的 27.3%。"较小制累计"表示的是低于某分组上限的频数与频率，如树苗高度在 120 cm 以下的树苗有 73 棵，占总数的 66.4%；"较大制累计"表示的是高于某分组下限的频数与频率，如树苗高度在 110 以上的树苗有 67 棵，占总数的 60.9%。

2. 频数直方图

频率直方图能直观地表示出频数的分布，其制作步骤如下。

设 $x_1, x_2, \cdots, x_n$ 是样本的 n 个观察值。

（1）求出 $x_1, x_2, \cdots, x_n$ 中的最小者 $x_{(1)}$ 和最大者 $x_{(n)}$；

（2）选取常数 a（略小于 $x_{(1)}$）和 b（略大于 $x_{(n)}$），并将区间 $[a, b]$ 等分成 m 个小区间（一般取 m 使 $\dfrac{m}{n}$ 在 $\dfrac{1}{10}$ 左右）：

$$[t_i, t_i + \Delta t), i = 1, 2, \cdots, m, \Delta t = \frac{b - a}{m}$$

一般情况下，小区间不包括右端点，t_i，$t_i + \Delta t$ 是分别为分组区间的左右端点，Δt 为区间宽度。

（3）求出组频数 n_i，组频率 $\dfrac{n_i}{n} \overset{\Delta}{=} f_i$，以及

$$h_i = \frac{f_i}{\Delta t}, (i = 1, 2, \cdots, n)$$

（4）在 $[t_i, t_i + \Delta t)$ 上以 h_i 为高，Δt 为宽作小矩形，其面积恰为 f_i，所有小矩形合在一起就构成了频率直方图。上例中的频率直方图，如图 9-1 所示。

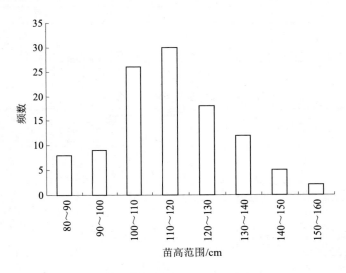

图 9-1 桉树苗高度的频数直方图

（二）常用的统计量计算

描述生态学实验收集到的数据，常需要计算一些统计量，如平均数、标准差、变异系数、相关系数等。

1．平均数

算术平均数是指资料中各观测值的总和除以观测值个数所得的商，简称平均数或均数，记为 $\bar{x}$。算术平均数可根据样本大小及分组情况而采用直接法或加权法计算。

（1）直接法　主要用于样本含量 $n \leqslant 30$ 以下、未经分组的数据资料的平均数计算。

设某一资料包含 n 个观测值：x_1，x_2，$\cdots$，x_n，则样本平均数 $\bar{x}$ 可通过下式计算：

$$\bar{x} = \frac{x_1 + x_2 + \cdots + x_n}{n} = \frac{\sum\limits_{i=1}^{n} x_i}{n}$$

式中：$\sum$ ——总和符号；

$\sum\limits_{i=1}^{n} x_i$ ——从第一个观测值 x_1 累加到第 n 个观测值 x_n。

当 $\sum\limits_{i=1}^{n} x_i$ 在意义上已明确时，可简写为 $\sum x$，上式即可改写为：

$$\bar{x} = \frac{\sum x}{n}$$

（2）加权法　对于样本含量 $n \geqslant 30$ 以上且已分组的资料，可以在次数分布表的基础上采用加权法计算平均数，计算公式为：

$$\bar{x} = \frac{f_1 x_1 + f_2 x_2 + \cdots + f_k x_k}{f_1 + f_2 + \cdots + f_k} = \frac{\sum\limits_{i=1}^{k} f_i x_i}{\sum\limits_{i=1}^{k} f_i} = \frac{\sum fx}{\sum f}$$

式中：x_i ——第 i 组的组中值；

f_i ——第 i 组的次数；

k ——分组数。

第 i 组的次数 f_i 是权衡第 i 组组中值 x_i 在资料中所占比重大小的数量，因此 f_i 称为是 x_i 的"权"。

2．标准差和方差

用平均数作为样本的代表，其代表性的强弱受样本资料中各观测值变异程度的影响。如果各观测值变异小，则平均数对样本的代表性强；如果各观测值变异大，则平均数代表性弱。因而仅用平均数对一个资料的特征作统计描述是不全面的，还需引入一个表示资料中观测值变异程度大小的统计量。在实际中，为了准确地表示样本内各个观测值的变异程度，常需计算样本的标准差。

（1）直接法　对于未分组或小样本资料，可直接利用：

$$S = \sqrt{\frac{\sum(x - \overline{x})^2}{n-1}} \text{ 或 } S = \sqrt{\frac{\sum x^2 - \frac{(\sum x)^2}{n}}{n-1}} \text{ 进行计算标准差。}$$

统计量 $\sum(x-\overline{x})^2/n-1$ 称为均方，又称样本方差，记为 S^2，即：

$$S^2 = \sum(x-\overline{x})^2/n-1$$

相应的总体参数叫总体方差，记为 σ^2。对于有限总体而言，σ^2 的计算公式为：

$$\sigma^2 = \sum(x-\mu)^2/N$$

（2）加权法　对于已制成次数分布表的大样本资料，可利用次数分布表，采用加权法计算标准差。计算公式为：

$$S = \sqrt{\frac{\sum f(x-\overline{x})^2}{\sum f - 1}} = \sqrt{\frac{\sum fx^2 - (\sum fx)^2/\sum f}{\sum f - 1}}$$

式中：f——各组次数；

　　　x——各组的组中值；

　　　$\sum f = n$——总次数。

3. 变异系数

变异系数是衡量资料中各观测值变异程度的另一个统计量。当进行两个或多个资料变异程度的比较时，如果其度量单位与平均数相同，可以直接利用标准差来比较。如果其单位和（或）平均数不同时，比较其变异程度就不能采用标准差，而需采用标准差与平均数的比值（相对值）来比较。标准差（S）与平均数（$\overline{x}$）的比值称为变异系数，记为 $C \cdot V$。变异系数可以消除单位和（或）平均数不同对两个或多个资料变异程度比较的影响。

变异系数的计算公式为：

$$C \cdot V = \frac{S}{\overline{x}} \times 100\%$$

例如，已知某水稻实验小区品种 A 的平均产量为 190 kg，标准差为 10.5 kg，而品种 B 的平均产量为 196 kg，标准差为 8.5 kg，两水稻品种的观测值都是产量，单位相同，但它们的平均数不相同，只能用变异系数来比较其变异程度的大小。

品种 A 产量的变异系数：$C \cdot V = \dfrac{10.5}{190} \times 100\% = 5.53\%$

品种 B 产量的变异系数：$C \cdot V = \dfrac{8.5}{196} \times 100\% = 4.34\%$

由此可以判定，品种 A 产量的变异程度大于品种 B。

需要注意的是，变异系数的大小同时受平均数和标准差两个统计量的影响，因而在利用变异系数表示资料的变异程度时，最好将平均数和标准差也列出。

4．标准误

标准误表示抽样误差的大小，是反映均数可靠性的参数，一般用 SE 或 $S_{\bar{x}}$ 表示。标准误小，说明抽样误差较小，样本均数与总体均数较接近，用样本均数代表总体均数的可靠性大；反之，标准误差越大则表示样本均数越不可靠。样本均数的可靠程度可用均数±标准误的范围来估计。如在 $\bar{x} \pm S_{\bar{x}}$ 范围内，总体均数出现的概率约为 68%，也就是说在重复的 100 次实验中，约有 68 次实验的均数在该范围内，因此 $S_{\bar{x}}$ 越小，由样本均数估计总体均数的误差范围也越小，均数可信性也越好。

标准差和标准误不同，前者表示各个测量值的离散程度，而后者则说明样本均数的抽样误差，即样本均数对总体均数的离散程度，所以标准误可称为"样本均数的标准差"。

5．相关系数

相关指变量之间的相互关系和联系程度，其大小常用相关系数来表示，计算公式为：

$$r = \frac{\sum (x - \bar{x})(y - \bar{y})}{\sqrt{\sum (x - \bar{x})^2} \sqrt{\sum (y - \bar{y})^2}}$$

式中，$\bar{x}$ 和 $\bar{y}$ 分别表示变量 X 和变量 Y 的平均数。一般地，r 的取值为 $-1 \leqslant r \leqslant 1$。$r = 0$，表明 x、y 两个变量之间不存在线性相关；$r > 0$，表明 x、y 两个变量之间的关系是正相关；$r < 0$，表明 x、y 两个变量之间的关系是负相关。根据 r 的取值大小，还可以判断两个变量之间的相关关系的密切程度：当 $0 \leqslant |r| < 0.3$ 时，为无相关；当 $0.3 \leqslant |r| < 0.5$ 时，为低度相关；当 $0.5 \leqslant |r| < 0.8$ 时，为显著相关；当 $0.8 \leqslant |r| < 1$ 时，为高度相关；当 $|r| = 1$ 时，为完全相关。

四、生态学数据处理中常用的表示和检验方法

（一）平均值的置信区间

一般记为：$\mu = \bar{x} \pm t \dfrac{S}{\sqrt{n}}$，表示在一定的置信度下，以平均值为中心，包括总体平均值 μ 的范围。一般地，从公式可知只要选定置信度 α，根据 α 与 f 值，即可从 t 分布表中查出 t_α，f 值，从测定的 $\bar{x}$，s，n 值就可以求出相应的置信区间。如测定计算某土壤中的含水率，得如下结果：$\bar{x} = 15.78\%$，$s = 0.03\%$，$n = 4$，在置信度为 95% 时，查表得 $t_{0.05,3} = 3.18$，那么 $\mu = \bar{x} \pm t \dfrac{S}{\sqrt{n}} = 15.78 \pm 3.18 \times \dfrac{0.03}{\sqrt{4}} = 15.78 \pm 0.05\%$；在置信度为 99%，查表得 $t_{0.05,3} = 5.84$，那么 $\mu = \bar{x} \pm t \dfrac{S}{\sqrt{n}} = 15.78 \pm 5.84 \times \dfrac{0.03}{\sqrt{4}} = 15.78 \pm 0.09\%$。

（二）显著性检验

一般地，显著性检验的步骤可分为三步：①提出"无效假设" H_0，即两组数据均来自同一总体，其差别是由于抽样误差所引起；②根据总体抽样的规律，可由两组样本的实测数据计算出"无效假设"的可能性（概率）有多大，通常用大写的"P"表示；③如果 $P < 0.05$ 或 0.01，说明两组间纯属按机遇所发生的概率 100 次中不到 5 次或 1 次，这种可能性很小，因而否定"无效假设"。即两组样本来自同一总体的可能性很小，它们的差别在统计学上有显著或

极显著意义。反之，如果 $P>0.05$，说明两组机遇概率大于 5%，即来自同一总体的概率大于 5%，这时不能轻易否定"无效假设"，尽管两组间有差别，但这种差别无统计学意义。

值得注意的是，统计学结论的意义并不等于专业结论的意义，两组差异有统计学的显著、极显著或无显著意义并不说明两组均数（或率）的差别大、很大或不大。统计学上差异非常显著时，在专业上未必就有显著意义（表 9-5）。例如，某种杀虫剂施用前后实验区水稻的发病率平均下降 1.3%，经 t 值检验，$P<0.05$ 并得出"施用杀虫剂前后的差值均数有显著意义"的统计学结论，但并不意味着该杀虫剂就有"显著疗效"或广泛应用价值。

表 9-5 显著性水平及统计学意义

判断标准	统计结论	注意
$P\leq0.01$	差别有极显著意义	不等于差别极大
$P\leq0.05$	差别有显著意义	不等于差别大
$P>0.05$	差别无显著意义	不等于没有差别

第二节 方差分析法

在生态学研究中，常需要在不同条件，如不同的气候条件、营养环境、地理区域或管理措施下进行实验，从而获取多组数据。为了确定条件的变化（不同因素）对实验结果是否有影响，以及在许多因素中确定哪些因素起主要作用、在怎样的状态下其影响最大等，这就需要对数据进行统计分析。方差分析就是鉴别各有关因素对试验结果影响的一种有效方法。

对实验数据进行方差分析，通常要有以下假定：首先，各样本的独立性，即各组观察数据，是从相互独立的总体中抽取的，只有是独立的随机样本，才能保证变异的可加性；其次，要求所有观察值都是从正态总体中抽取，且方差相等。当资料不能满足方差分析的条件时，如果进行方差分析，可能造成错误的判断，因此，对于明显偏离上述应用条件的资料，可通过变量变换的方法，如对数变换、平方根变换、倒数变换等来加以改善。

方差分析的内容很多，下面将主要介绍单因素试验方差分析和双因素试验方差分析的过程。

一、单因素方差分析

假设所检验的结果受某一因素 A 的影响，它可以取 k 个不同的水平：1，2，3，$\cdots$，k。对于因素的每一个水平 i 都进行 n 次试验，结果分别为 $X_{i1}, X_{i2}, \cdots, X_{in}$，我们把这一组样本记作 X_i，假定 $X_i \sim N(\mu_i, \sigma^2)$，即对于因素的每一个水平，所得到的结果都服从正态分布，且方差相等。

1．提出假设

H_0：$\mu_1 = \mu_2 = \cdots = \mu_k$，即因素的不同水平对试验结果无显著影响；

H_1：不是所有的 μ_i 都相等（$i=1,2,\cdots,k$），即因素的不同水平对试验结果有显著影响。

2．自由度与平方和分解

假设实验有 k 个处理，每个处理有 n 个观察值，则该试验资料共有 nk 个观察值，其观察值的组成如表 9-6 所示。表中 i 代表资料中任一样本；j 代表样本中任一观测值；x_{ij} 代表任一样本的任一观测值；T_t 代表处理总和；$\overline{x}_t$ 代表处理平均数；T 代表全部观测值总和；$\overline{x}$ 代表总平均数。

表 9-6　每处理具 n 个观测值的 k 组数据的符号

处理	观察值						处理总和 T_t	处理平均 $\overline{x}_t$
	1	2	⋯	j	⋯	n		
1	x_{11}	x_{i2}	⋯	x_{1j}	⋯	x_{1n}	T_{t1}	$\overline{x}_{t1}$
2	x_{21}	x_{i2}	⋯	x_{2j}	⋯	x_{2n}	T_{t2}	$\overline{x}_{t2}$
⋮	⋮	⋮	⋯	⋮	⋯	⋮	⋮	⋮
i	x_{i1}	x_{i2}	⋯	x_{ij}	⋯	x_{in}	T_{ti}	$\overline{x}_{ti}$
⋮	⋮	⋮	⋯	⋮	⋯	⋮	⋮	⋮
k	x_{k1}	x_{k2}	⋯	x_{kj}	⋯	x_{kn}	T_{tk}	$\overline{x}_{tk}$
							$T=\sum x$	$\overline{x}$

在表 9-6 中，总变异是 nk 个观测值的变异，故其自由度 $df_T=nk-1$，而其平方和 SS_T 则为：

$$SS_T = \sum_1^{nk}(x_{ij}-\overline{x})^2 = \sum x^2 - C$$

C 称为矫正数：$C = \dfrac{(\sum x)^2}{nk} = \dfrac{T^2}{nk}$

组间的差异即 k 个 $\overline{x}$ 的变异，故自由度 $df_t = k-1$，其平方和 SS_t 为：

$$SS_t = n\sum_1^k(\overline{x}_{ij}-\overline{x})^2 = \frac{\sum T_t^2}{n} - C$$

组内的变异为各组内观测值与组平均数的变异，自由度，$df_e = k(n-1)$，组内平方和 SS_e 为：

$$SS_e = \sum_1^k\sum_1^n(x_{ij}-\overline{x}_t)^2 = SS_T - SS_t$$

由此可将数据资料的平方和与自由度的分解式为：总平方和=组间（处理间）平方和＋组内（误差）平方和。

$$\sum_1^k\sum_1^n(x_{ij}-\overline{x})^2 = n\sum_{i=1}^k(\overline{x}_t-\overline{x})^2 + \sum_1^k\sum_1^n(x_{ij}-\overline{x}_t)^2$$

记作：　　　$SS_T = SS_t + SS_e$

总自由度=组间（处理间）自由度＋组内（误差）自由度。

即：　　　$nk-1 = (k-1) + k(n-1)$

记作：　　　$df_T = df_t + df_e$

3. F检验

求得各变异来源的平方和与自由度后，将 SS_t 和 SS_e 分别除以其自由度，即得各自的均方差，即：

$$处理间方差 \quad MSR = \frac{SS_t}{df_t}, \quad 误差方差 \quad MSE = \frac{SS_e}{df_e}$$

计算 F 统计量：$F = MSR / MSE$。

F 具有两个自由度：$v_1 = df_t = k-1, v_2 = df_e = k(n-1)$。

在实际进行 F 测验时，是将由试验资料所算得的 F 值与根据 $v_2 = df_t$（大均方，即分子均方的自由度）、$v_2 = df_e$（小均方，即分母均方的自由度）查附表 F 值表所得的临界 F 值与 $F_{0.05}$、$F_{0.01}$ 相比较作出统计推断的。

若 $F < F_{0.05}$，即 $P > 0.05$，不能否定 H_0，统计学上把这一测验结果表述为：各处理间差异不显著，不标记符号；若 $F_{0.05} \leqslant F < F_{0.01}$，即 $0.01 < P \leqslant 0.05$，否定 H_0，接受 H_A，统计学上把这一测验结果表述为：各处理间差异显著，在 F 值的右上方标记"*"；若 $F \geqslant F_{0.01}$，即 $P \leqslant 0.01$，否定 H_0，接受 H_A，统计学上，把这一测验结果表述为：各处理间差异极显著，在 F 值的右上方标记"**"。

4. 列出方差分析表

将上述方差分析的结果用一张标准形式的表格，即方差分析表简洁地表示出来（表9-7）。

表9-7　单因素方差分析

方差来源	离差平方和	自由度	均方 MS	F
组间	SS_t	$k-1$	$MSR = \dfrac{SS_t}{k-1}$	$F = \dfrac{MSR}{MSE}$
组内	SS_e	$k(n-1)$	$MSE = \dfrac{SS_e}{k(n-1)}$	
总方差	SS_T	$nk-1$		

5. 多重比较

经 F 测验，差异达到显著或极显著，表明试验的总变异主要来源于处理间的变异，试验中各处理平均数间存在显著或极显著差异，但并不意味着每两个处理平均数间的差异都显著或极显著，也不能具体说明哪些处理平均数间有显著或极显著差异，哪些处理差异不显著。因而，有必要进行两两处理平均数间的比较，以具体判断两两处理平均数间的差异显著性。统计上把多个平均数两两间的相互比较称为多重比较（Multiple comparison）。

多重比较的方法比较多，常用的有最小显著差数法（LSD 法）、最小显著极差法（LSR 法）和新复极差法（SSR 法），现分别介绍如下。

（1）最小显著差数法　最小显著差数法（Least Significant Difference），又称 LSD 法。此方法是多重比较中最基本的方法。在应用 LSD 法进行多重比较时，必须在测验显著的前提下进行，并且各对被比较的两个样本平均数在试验前已经指定，因而它们是相互独立的。利用此法时，各试验处理一般是与指定的对照相比较。

LSD 法的步骤如下：

① 先计算样本平均数差数标准误 $s_{\bar{x}_1-\bar{x}_2}$

$$s_{\bar{x}_1-\bar{x}_2}=\sqrt{\frac{2s_e^2}{n}}$$

② 计算出显著水平为 α 的最小显著差数 LSD_α。在 t 测验中已知

$$t=\frac{\bar{x}_1-\bar{x}_2}{s_{\bar{x}_1-\bar{x}_2}}$$

在误差自由度下，查显著水平为 α 时的临界 t 值，令上式 $t=t_\alpha$，移项可得：

$$\bar{x}_1-\bar{x}_2=t_a\times s_{\bar{x}_1-\bar{x}_2}$$

故 $\bar{x}_1-\bar{x}_2$ 即等于在误差自由度下，显著水平为 α 时的最小显著差数，即 LSD。

$$\text{LSD}_\alpha=t_\alpha\times s_{\bar{x}_1-\bar{x}_2}$$

当 $\alpha=0.05$ 和 0.01 时，LSD 的计算公式分别是

$$\text{LSD}_{0.05}=t_{0.05}\times s_{\bar{x}_1-\bar{x}_2}$$

$$\text{LSD}_{0.01}=t_{0.01}\times s_{\bar{x}_1-\bar{x}_2}$$

任何两处理平均数的差数达到或超过 $\text{LSD}_{0.05}$ 时，差异显著；达到或超过 $\text{LSD}_{0.01}$ 时，差异达到极显著。

（2）q 法　即 q 测验或称复极差测验，有时又称 SNK 测验或 NK 测验。这种方法是将一组 k 个平均数由大到小排列后，根据所比较的两个处理平均数的差数是几个平均数间的极差分别确定最小显著极差 LSR_α 值的。q 测验因是根据极差抽样分布原理的，其各个比较都可保证同一个 α 显著水平。其尺度值构成为：

$$\text{LSR}_\alpha=q_{\alpha;\,df,\,p}\text{SE}$$

$$\text{SE}=\sqrt{\text{MS}_e/n}$$

式中：$2\leqslant p\leqslant k$，p——所有比较的平均数按大到小顺序排列所计算出的两极差范围内所包含的平均数个数（称为秩次距）；

　　　　SE——平均数的标准误；

　　　　$q_{\alpha,df,p}$——可由 q 值表查得（一般统计书中都附有 q 值表）。

（3）新复极差法　又称最短显著极差法（Shortest Significant Ranges，SSR）。该法与 q 法相似，其区别在于计算最小显著极差 LSR_α 时不是查 q 表而是查 SSR 表，所得最小显著极差值随着 k 增大通常比 q 测验时的减小。查得 $\text{SSR}_{\alpha,p}$ 后，有

$$\text{LSR}_\alpha=\text{SE}\cdot\text{SSR}_{\alpha,\,p}$$

此时，在不同秩次距 p 下，平均数间比较的显著水平按两两比较是 α，但按 p 个秩次

距则为保护水平 $\alpha' = 1 - (1-\alpha)^{p-1}$。

各平均数经多重比较后，应以简洁明了的形式将结果表示出来。常用的表示方法有：

① 列梯形表法。将全部平均数从大到小顺次排列，然后算出各平均数间的差数。凡达到 α =0.05 水平的差数在右上角标一个 "*" 号，凡达到 α =0.01 水平的差数在右上角标两个 "*" 号，凡未达到 α =0.05 水平的差数则不予标记。

② 画线法。将平均数按大小顺序排列，以第 1 个平均数为标准与以后各平均数比较，在平均数下方把差异不显著的平均数用横线连接起来，依次以第 2，…，k-1 个平均数为标准按上述方法进行。这种方法称画线法。

③ 标记字母法。首先将全部平均数从大到小依次排列。然后在最大的平均数上标上字母 a；并将该平均数与以下各平均数相比，凡相差不显著的，都标上字母 a，直至某一个与之相差显著的平均数则标以字母 b（向下过程），再以该标有 b 的平均数为标准，与上方各个比它大的平均数比，凡不显著的也一律标以字母 b（向上过程）；再以该标有 b 的最大平均数为标准，与以下各未标记的平均数比，凡不显著的继续标以字母 b，直至某一个与之相差显著的平均数则标以字母 c。…… 如此重复进行下去，直至最小的一个平均数有了标记字母且与以上平均数进行了比较为止。这样各平均数间，凡有一个相同标记字母的即为差异不显著，凡没有相同标记字母的即为差异显著。

当实际应用时，往往还需区分 α =0.05 水平上显著和 α =0.01 水平上显著。这时可以小写字母表示 α =0.05 显著水平，大写字母表示 α =0.01 显著水平。

以上介绍的 3 种最为常见的多重比较方法，在实际应用中可根据以下几点选用：①试验事先确定比较的标准，凡与对照相比较，或与预定要比较的对象比较，一般可选用最小显著差数法；②根据否定一个正确的 H_0 和接受一个不正确的 H_0 的相对重要性来决定。由于 3 种方法的显著尺度不相同，LSD 法最低，SSR 法次之，q 法最高。故 LSD 测验在统计推断时犯第一类错误的概率最大，q 测验最小，而 SSR 测验介于两者之间，因此，对于试验结论事关重大或有严格要求的，宜用 q 测验，q 测验可以不经过 F 测验；一般试验可采用 SSR 测验；也有统计学家近期认为最小显著差数法已由 F 测验保护，可以采用 FPLSD 法进行多重比较，不必采用复杂的极差法测验。

二、双因素方差分析

在生态学实验中，某种试验结果往往受到两个或两个以上因素的影响。如果研究的是两个因素的不同水平对试验结果的影响是否显著的问题，就需要进行双因素方差分析。双因素方差分析根据两个因素相互之间是否有交互影响而分为两种类型：一种是无交互作用的双因素方差分析，它假定因素 A 和因素 B 的效应之间是相互独立的，不存在相互关系；另一种是有交互作用的方差分析，它假定 A、B 两个因素不是独立的，而是相互起作用的，两个因素同时起作用的结果不是两个因素分别作用的简单相加，两者的结合会产生一个新的效应。

（一）无交互作用的双因素方差分析

若实验中有两个因素分别是 A 和 B。因素 A 共有 r 个水平，因素 B 共有 s 个水平，不考虑交互作用，按表 9-8 的格式列出数据。

表 9-8　无交互作用双因素方差分析的数据结构

i ＼ j		因　素　B				
		B_1	B_2	$\cdots$	B_s	均值
因素 A	A_1	x_{11}	x_{12}	$\cdots$	x_{1s}	$\overline{x}_{1\bullet}$
	A_2	x_{21}	x_{22}	$\cdots$	x_{2s}	$\overline{x}_{2\bullet}$
	$\vdots$	$\vdots$	$\vdots$	$\vdots$	$\vdots$	$\vdots$
	A_r	x_{r1}	x_{r2}	$\cdots$	x_{rs}	$\overline{x}_{r\bullet}$
	均值	$\overline{x}_{\bullet 1}$	$\overline{x}_{\bullet 2}$	$\cdots$	$\overline{x}_{\bullet s}$	

1．提出假设

由于两因素相互独立，因此可以分别对每一个因素进行检验。

对于因素 A：H_0：因素 A 的各种水平的影响无显著差异。

$\quad\quad\quad\quad H_1$：因素 A 的各种水平的影响有显著差异。

对于因素 B：H_0：因素 B 的各种水平的影响无显著差异。

$\quad\quad\quad\quad H_1$：因素 B 的各种水平的影响有显著差异。

2．平方和与自由度分解

根据表 9-8 中的数据，分别计算因素 A 在 i 水平下的平均值、因素 B 在 j 水平下的平均值及所有观察值的平均值：

$$\overline{x}_{i\bullet} = \frac{\sum_{j=1}^{s} x_{ij}}{s}, \qquad \overline{x}_{\bullet j} = \frac{\sum_{i=1}^{r} x_{ij}}{r}, \qquad \overline{\overline{x}} = \frac{\sum_{i=1}^{r}\sum_{j=1}^{s} x_{ij}}{rs} = \frac{\sum_{i=1}^{r}\overline{x}_{i\bullet}}{r} = \frac{\sum_{j=1}^{s}\overline{x}_{\bullet j}}{s}$$

对总离差平方和 SS_T 分解为三部分：SS_A、SS_B 和 SS_e，以分别反映因素 A 的组间差异、因素 B 的组间差异和随机误差的离散状况，计算公式分别为：

$$SS_T = \sum_{i=1}^{r}\sum_{j=1}^{s}(x_{ij} - \overline{\overline{x}})^2 \qquad\qquad SS_A = \sum_{i=1}^{r} s(\overline{x}_{i\bullet} - \overline{\overline{x}})^2$$

$$SS_B = \sum_{j=1}^{s} r(\overline{x}_{\bullet j} - \overline{\overline{x}})^2 \qquad\qquad SS_e = SS_T - SS_A - SS_B$$

SS_A 和 SS_B 的自由度分别为（$r-1$）和（$s-1$）；SS_T 的自由度为（$rs-1$），而 SS_e 的自由度为（$r-1$）（$s-1$）。

3．构造检验统计量

从方差分解式所得到的 SS_A、SS_B 和 SS_e 除以各自的自由度，就得到各自相应的均方差，然后与单因素方差分析时一样，计算出 F 检验值，得到无交互影响时双因素方差分析（表 9-9）。

表 9-9　无交互作用的双方差分析

方差来源	离差平方和	df	均方 MS	F
因素 A	SS_A	$r-1$	$MS_A = SS_A/(r-1)$	MS_A/MS_e
因素 B	SS_B	$s-1$	$MS_B = SS_B/(n-r)$	MS_B/MS_e
误差	SS_e	$(r-1)(s-1)$	$MS_e = SS_e/(r-1)(s-1)$	
总方差	SS_T	rs-1		

为检验因素 A 的影响是否显著，采用下面的统计量：

$$F_A = \frac{MS_A}{MS_e} \sim F_\alpha(r-1, n-r-s+1)$$

为检验因素 B 的影响是否显著，采用下面的统计量：

$$F_B = \frac{MS_B}{MS_e} \sim F_\alpha(s-1, n-r-s+1)$$

4. 判断与结论

根据给定的显著性水平 α 在 F 分布表中查找相应的临界值 F_α，将统计量 F 与 F_α 进行比较，作出拒绝或不能拒绝原假设 H_0 的决策。

若 $F_A \geqslant F_\alpha$，则拒绝原假设 H_{01}，表明均值之间有显著差异，即因素 A 对观察值有显著影响；若 $F_A < F_\alpha$，则不能拒绝原假设 H_{01}，表明均值之间的差异不显著，即因素 A 对观察值没有显著影响；若 $F_B \geqslant F_\alpha$，则拒绝原假设 H_{02}，表明均值之间有显著差异，即因素 B 对观察值有显著影响；若 $F_B < F_\alpha$，则不能拒绝原假设 H_{02}，表明均值之间的差异不显著，即因素 B 对观察值没有显著影响。

（二）存在交互作用的双因素方差分析

若实验中有两个因素 A 和 B，因素 A 共有 r 个水平，因素 B 共有 s 个水平，为对两个因素的交互作用进行分析，每组试验条件的试验至少要进行两次，若对每个水平组合水平下（A_j, B_i）重复 t 次试验，每次试验的结果用 x_{ijk} 表示，那么有交互作用的双因素方差分析的数据结构，如表 9-10 所示。

表 9-10　有交互作用双因素方差分析的数据结构

j ＼ i		因素 B			
		B_1	...	B_s	均值
因素 A	A_1	$x_{111}, x_{112}, \cdots, x_{11t}$	...	$x_{1s1}, x_{1s2}, \cdots, x_{1st}$	$\bar{x}_{1\bullet}$
	A_2	$x_{211}, x_{212}, \cdots, x_{21t}$	...	$x_{2s1}, x_{2s2}, \cdots, x_{2st}$	$\bar{x}_{2\bullet}$
	$\vdots$	$\vdots$	$\vdots$	$\vdots$	$\vdots$
	A_r	$x_{r11}, x_{rs12}, \cdots, x_{r1t}$	...	$x_{rs1}, x_{rs2}, \cdots, x_{rst}$	$\bar{x}_{r\bullet}$
	均值	$\bar{x}_{\bullet 1}$		$\bar{x}_{\bullet s}$	

1．提出假设

由于两因素有交互影响，因此除了分别检验两因素单独对试验结果的影响外，还必须检验两因素交互影响的作用是否显著。

对于因素 A：H_0：因素 A 的各个水平的影响无显著差异。

$\qquad\qquad\quad\ H_1$：因素 A 的各个水平的影响有显著差异。

对于因素 B：H_0：因素 B 的各个水平的影响无显著差异。

$\qquad\qquad\quad\ H_1$：因素 B 的各个水平的影响有显著差异。

对于因素 AB 的交互作用：H_0：因素 AB 的各个水平的交互作用无显著影响。

$\qquad\qquad\qquad\qquad\quad H_1$：因素 AB 的各个水平的交互作用有显著影响。

2．平方和与自由度分解

根据表 9-10 中的数据，分别计算因素 A 在 i 水平下的平均值 $\overline{x}_{\bullet i}$、因素 B 在 j 水平下的平均值、因素 A、B 交互作用的平均值：

$$\overline{x}_{j\bullet} = \frac{\sum\limits_{i=1}^{r}\sum\limits_{k=1}^{t}x_{ijk}}{rt}, \qquad \overline{x}_{\bullet i} = \frac{\sum\limits_{j=1}^{s}\sum\limits_{k=1}^{t}x_{ijk}}{st}, \qquad \overline{x}_{ij} = \frac{\sum\limits_{k=1}^{t}x_{ijk}}{t}$$

所有观察值的平均值为：$\overline{\overline{x}} = \dfrac{\sum\limits_{i=1}^{r}\sum\limits_{j=1}^{s}\sum\limits_{k=1}^{t}x_{ijk}}{rst} = \dfrac{\sum\limits_{r=1}^{r}\overline{x}_{\bullet r}}{r} = \dfrac{\sum\limits_{j=1}^{s}\overline{x}_{j\bullet}}{s}$

与无交互作用的双因素方差分析不同，总离差平方和 SS_T 将被分解为四个部分：SS_A、SS_B、SS_{AB} 和 SS_e，以分别反映因素 A 的组间差异、因素 B 的组间差异、因素 AB 的交互效应和随机误差的离散状况。

它们的计算公式分别为：

$$\text{SS}_T = \sum_{i=1}^{r}\sum_{j=1}^{s}\sum_{k=1}^{t}(x_{ijk} - \overline{\overline{x}})^2, \qquad \text{SS}_A = \sum_{i=1}^{r}st(\overline{x}_{\bullet i} - \overline{\overline{x}})^2, \qquad \text{SS}_B = \sum_{j=1}^{s}rt(\overline{x}_{j\bullet} - \overline{\overline{x}})^2$$

$$\text{SS}_{AB} = \sum_{i=1}^{r}\sum_{j=1}^{s}t(\overline{x}_{ij} - \overline{x}_{i\bullet} - \overline{x}_{\bullet j} + \overline{\overline{x}})^2, \qquad \text{SS}_e = \sum_{i=1}^{r}\sum_{j=1}^{s}\sum_{k=1}^{t}(x_{ijk} - \overline{x}_{ij})^2$$

3．构造检验统计量

从方差分解式所得到的 SS_A、SS_B、SS_{AB} 和 SS_e 除以各自的自由度，就得到各自相应的均方差，然后对因素 A、因素 B 和因素 AB 的交互作用分别作 F 检验，并列出结果（表9-11）。

表 9-11　有交互作用的双方差分析

方差来源	离差平方和	df	均方 MS	F
因素 A	SS_A	$r-1$	$\text{MS}_A = \text{SS}_A/(r-1)$	MS_A/MS_e
因素 B	SS_B	$s-1$	$\text{MS}_B = \text{SS}_e/(n-\mathrm{r})$	MS_B/MS_e
因素 $A \times B$	SS_{AB}	$(r-1)(s-1)$	$\text{MS}_{AB} = \text{SS}_{AB}/(r-1)(s-1)$	$\text{MS}_{AB}/\text{MS}_e$
误差	SS_e	$rs(t-1)$	$\text{MS}_e = \text{SS}_e/rs(t-1)$	
总方差	SS_T	$n-1$		

为检验因素 A 的影响是否显著，采用下面的统计量：

$$F_A = \frac{\mathrm{MS}_A}{\mathrm{MS}_E} \sim F_\alpha(r-1, n-rs)$$

为检验因素 B 的影响是否显著，采用下面的统计量：

$$F_B = \frac{\mathrm{MS}_B}{\mathrm{MS}_E} \sim F_\alpha(s-1, n-rs)$$

为检验因素 A、B 交互效应的影响是否显著，采用下面的统计量：

$$F_{AB} = \frac{\mathrm{MS}_{AB}}{\mathrm{MS}_E} \sim F_\alpha(n-r-s+1, n-rs)$$

4. 判断与结论

根据给定的显著性水平 α 在 F 分布表中查找相应的临界值 F_α，将统计量 F 与 F_α 进行比较，作出拒绝或不能拒绝原假设 H_0 的决策。

若 $F_A \geqslant F_\alpha(r-1, n-rs)$，则拒绝原假设 H_{01}，表明因素 A 对观察值有显著影响；

若 $F_B \geqslant F_\alpha(s-1, n-rs)$，则拒绝原假设 H_{02}，表明因素 B 对观察值有显著影响；

若 $F_{AB} \geqslant F_\alpha(n-r-s+1, n-rs)$，则拒绝原假设 H_{03}，表明因素 A、B 的交互效应对观察值有显著影响。

主要参考文献

[1]　白厚义. 试验方法及统计分析[M]. 北京：中国林业出版社，2005.

[2]　董时富. 生物统计学[M]. 北京：科学出版社，2009.

[3]　盖钧镒. 试验统计方法[M]. 北京：中国农业出版社，2006.

[4]　管于华. 统计学[M]. 北京：高等教育出版社，2005.

[5]　张金屯. 数量生态学[M]. 北京：科学出版社，2004.

[6]　朱玉全，杨鹤标，孙蕾. 数据挖掘技术[M]. 南京：东南大学出版社，2006.